U0891647

工程制图与识图习题集

主　编　牟　明
副主编　刘慧玲　郭忠相　杨小玉
主　审　郭全花　刘　和

人民交通出版社
China Communications Press

内 容 简 介

本习题集是《工程制图与识图》(牟明主编)的配套教学用书,其内容及编排与《工程制图与识图》相配合,共分八章。主要内容有:制图基本知识与技能,正投影基础,体的投影,轴测投影图,工程形体的表达方法,道路、桥隧与涵洞工程图,钢结构图和房屋施工图。

本习题集适合于高职高专与各类成人教育土建类专业及相关专业学生学习使用,也可供相关专业的工程技术人员学习参考。

图书在版编目(CIP)数据

工程制图与识图习题集/牟明主编.—北京:人民交通出版社,2008.9(2025.8重印)

ISBN 978-7-114-07178-2

Ⅰ.工… Ⅱ.牟… Ⅲ.①建筑制图-高等学校-习题 ②建筑制图-识图法-高等学校-习题 Ⅳ.TU204-44

中国版本图书馆CIP数据核字(2008)第138923号

书　　名:工程制图与识图习题集
著 作 者:牟　明
责任编辑:杜　琛
责任印制:刘高彤
出版发行:人民交通出版社
地　　址:(100011)北京市朝阳区安定门外外馆斜街3号
网　　址:http://www.ccpcl.com.cn
销售电话:(010)85285911
总 经 销:人民交通出版社发行部
经　　销:各地新华书店
印　　刷:北京虎彩文化传播有限公司
开　　本:787×1092　1/16
印　　张:10.5
字　　数:128千
版　　次:2008年9月　第1版
印　　次:2025年8月　第24次印刷
书　　号:ISBN 978-7-114-07178-2
定　　价:20.00元
(有印刷、装订质量问题的图书由本社负责调换)

前　　言

本习题集是《工程制图与识图》(牟明主编)的配套教学用书,适合于土建类专业及相关专业与教学配套使用。习题集在编写过程中注意了以下几点:

(1)内容兼顾教学配套、自学等多方面需要,且力求符合学生的认知规律,循序渐进、由浅入深;便于学生掌握和运用配套所学的基础理论,有利于培养学生的学习能力。

(2)习题类型丰富、注重应用,有作图、填空、选择、改错等题型,改变了单纯的作图题模式,使学生在有限的时间内能获得更多的信息量、完成更多的练习;启发学生思考问题,巩固学习成果,有利于培养学生分析问题与解决问题的能力。

(3)习题数量留有一定余量,并选编了部分有一定难度的习题,以适应各有关专业不同的教学要求及满足不同程度学生的练习需要;能达到加强实践、培养学生空间思维能力及作图技巧的目的。

(4)习题集中各种工程图的画法和表达方法,均符合我国现行的有关标准、规范的要求。

本习题集由济南铁道职业技术学院牟明任主编,哈尔滨铁道职业技术学院刘慧玲、济南铁道职业技术学院郭忠相、陕西铁路工程职业技术学院杨小玉任副主编,河北建筑工程学院郭全花、哈尔滨铁道职业技术学院刘和主审。其中牟明完成第一、二、三、四、八章的编写;刘慧玲完成第六章的编写;郭忠相完成第七章的编写;杨小玉完成第三、五章的编写。

欢迎选用本习题集的师生和读者提出宝贵意见,以便修订时调整与改进。

编　者

2008年7月

目　　录

请学生沿此线撕下

1-1 字体（汉字）练习。

工 程 制 图 与 识 图 人 民 交 通 出 版 社 设 计 东 南 西 北 方 向 说

明 基 础 墙 柱 梁 板 楼 梯 砖 砼 混 凝 土 框 架 承 重 结 构 水 暖 电

气 阳 台 门 窗 雨 篷 勒 脚 散 坡 标 高 沟 槽 钢 筋 石 灰 相 当 主 体

第一章 制图基本知识与技能		班级		学号		姓名	

请学生沿此线撕下

1-2 字体（汉字）练习。

北京奥运会青岛帆船赛香港马术保护清新沙砂防水层屋勤油毡坡屋面绿地天窗

圈梁阳台木丝板管斗管水口铰链铁棚亮子百页门框安全板楼梯石楼地隔栅消防

阀闸钩玻璃雨篷刨花板预埋件砌平拱过线盖泛度线隔断伸缩缝变栅栏温度于绝

第一章 制图基本知识与技能		班级		学号		姓名	

请学生沿此线撕下

1-3 字体（字母、数字）练习。

A B C D E F G H I J K L M N O P Q R S T U V W X Y Z

a b c d e f g h i j k l m n o p q r s t u v w x y z

α β γ δ ε ζ η θ ξ π ρ Φ φ 1 2 3 4 5 6 7 8 9 0

第一章 制图基本知识与技能		班级		学号		姓名	

请学生沿此线撕下

1-4 图线练习。

作业要求：1. 按图中尺寸和比例抄绘图样；2. 要求线形分明，作图准确，图面整洁。

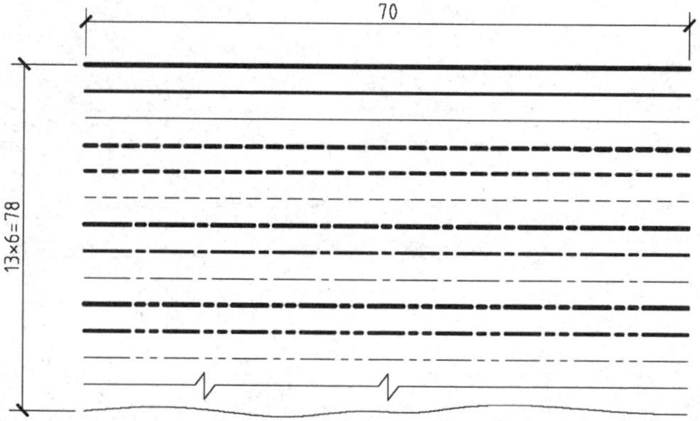

图线 1:1

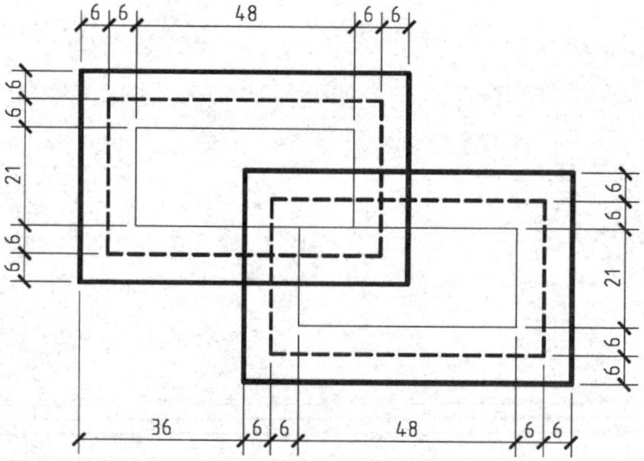

图案 1:2

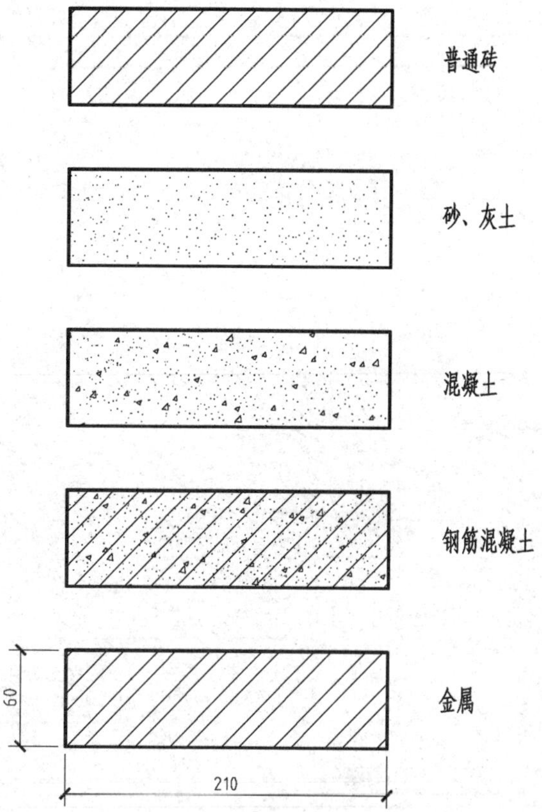

材料图例 1:5

第一章　制图基本知识与技能		班级		学号		姓名	

请学生沿此线撕下

1-5 给下列图形标注尺寸（尺寸从图中按 1:1 量取，取整数）。

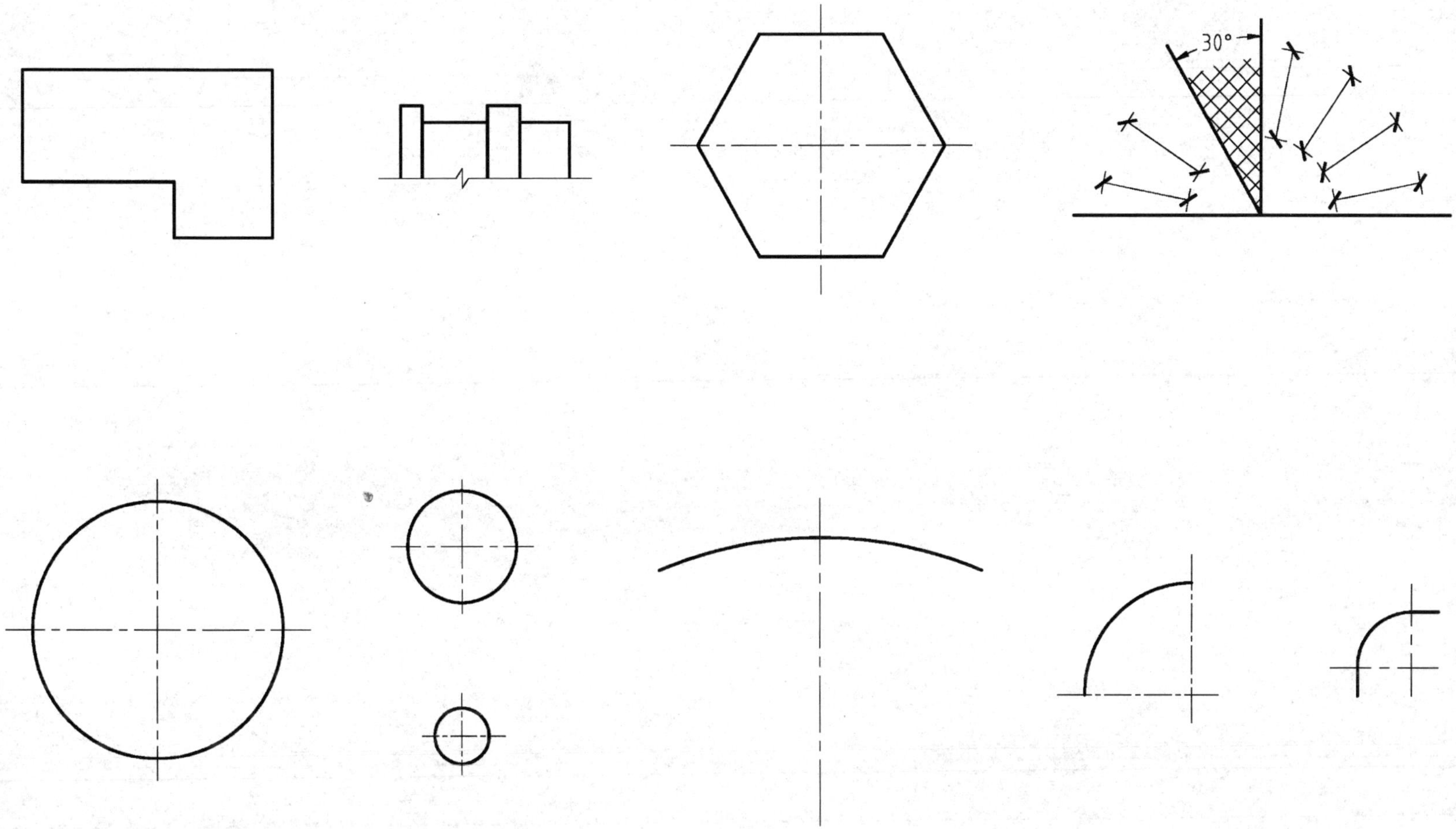

第一章　制图基本知识与技能		班级		学号		姓名

请学生沿此线撕下

1-6 找出上图中尺寸标注中的错误，将正确的改在下图中。

1.

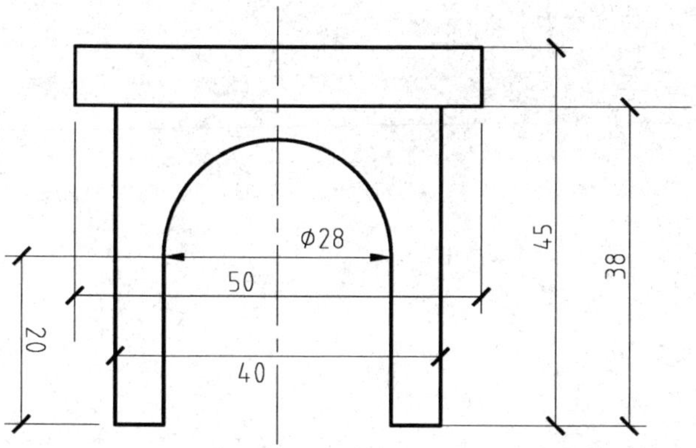

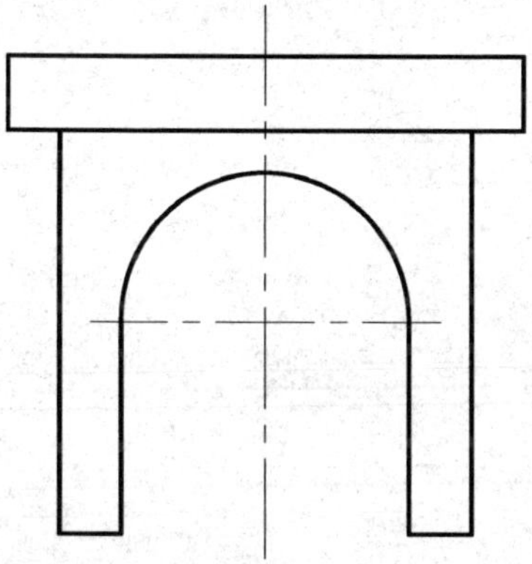

2.

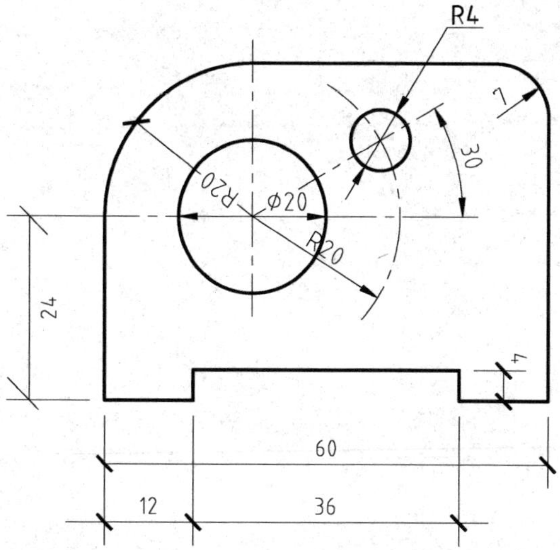

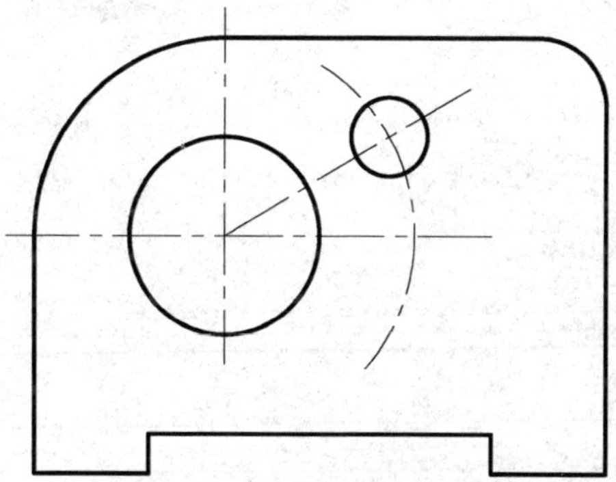

第一章 制图基本知识与技能

班级		学号		姓名	

请学生沿此线撕下

1-7 几何作图

1. 作圆的内接正三角形。

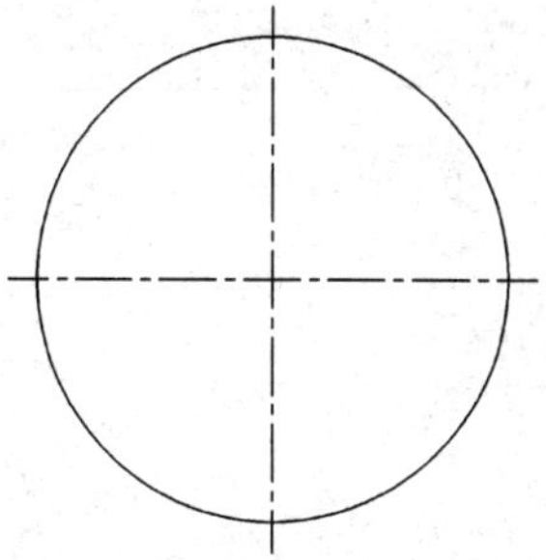

2. 以线段 AB 的长为边长作正六边形。

3. 作五角星内接于圆。

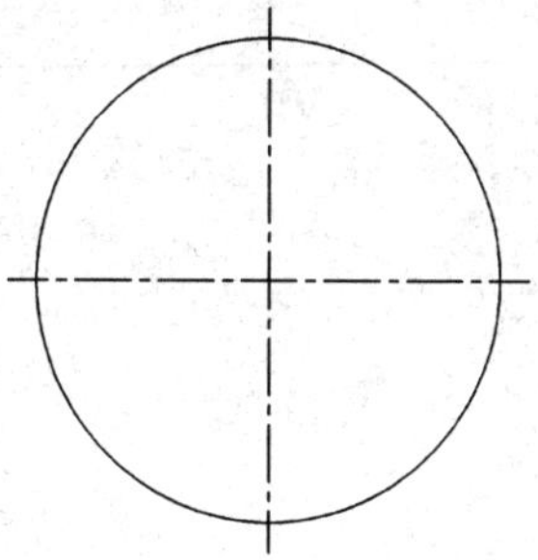

4. 按例图完成台阶的图形（各级台阶的高度和宽度均分别相等）。

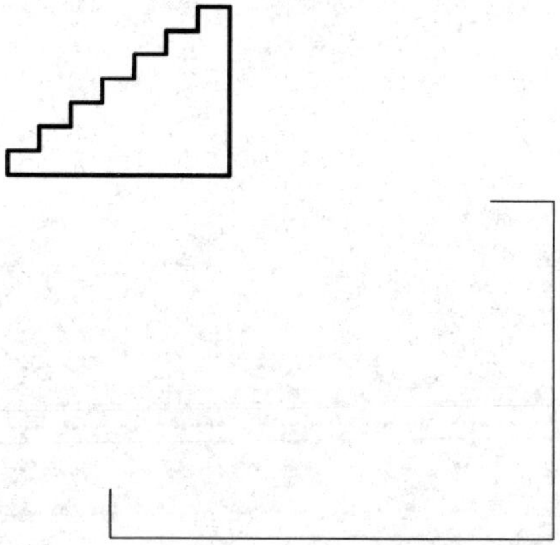

5. 按例图样式完成路堤断面图并标注坡度（顶面宽度为 B，边坡坡度为 1∶1.5）。

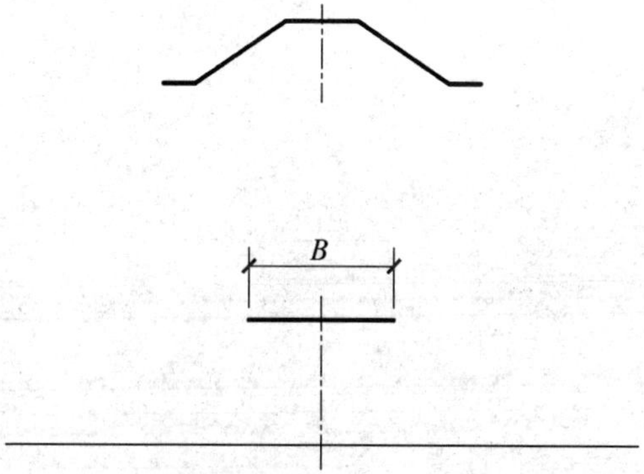

第一章　制图基本知识与技能		班级		学号		姓名	

请学生沿此线撕下

1-8 几何作图。

1. 用四心圆弧法画椭圆（长、短轴分别为 60mm、40mm）。

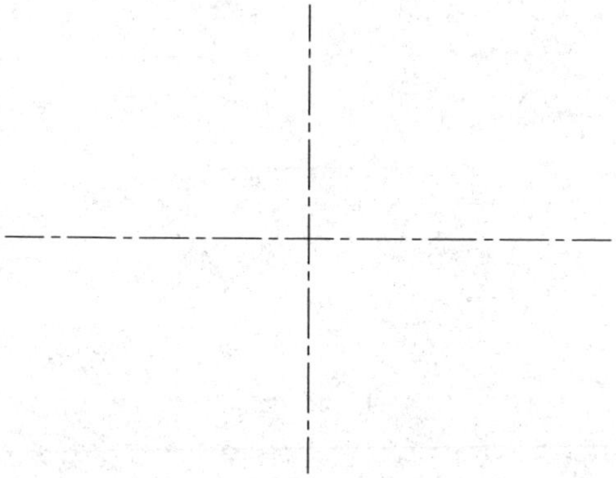

2. 根据已知半径作圆弧连接两已知直线。

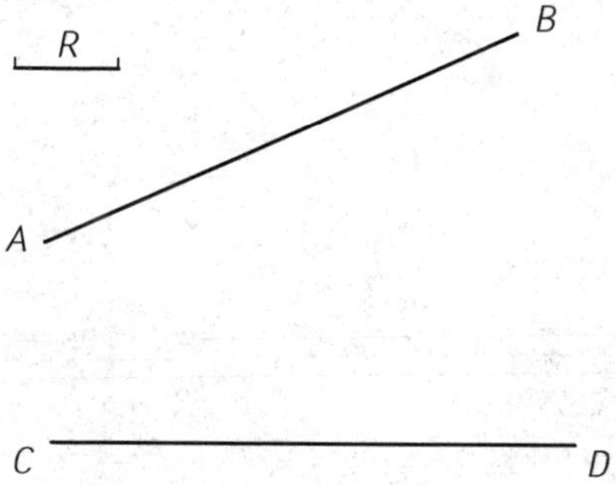

3. 用已知半径作圆弧分别与两已知圆弧内、外连接。

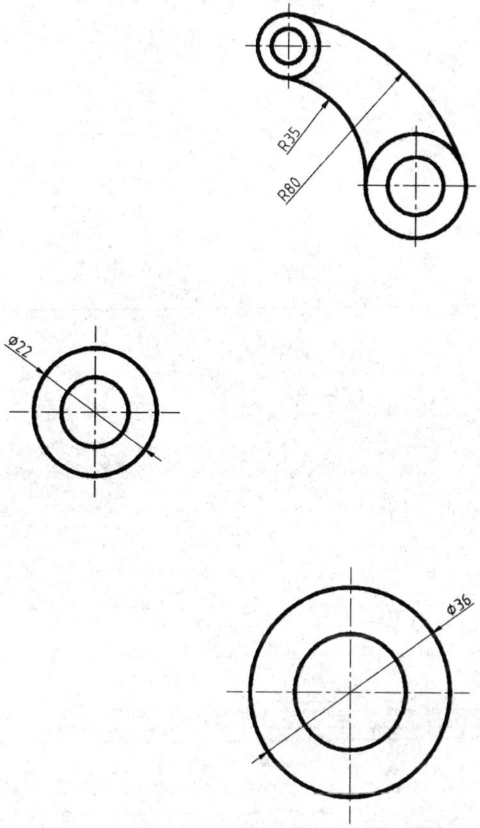

第一章　制图基本知识与技能		班级		学号		姓名	

1-9 平面图形的画法——I。

1. 目的

1) 熟悉国家制图标准中有关图幅、图线、字体及尺寸标注等方面的有关规定。

2) 学会正确使用绘图工具、仪器的方法。

3) 掌握平面图形的画图方法与步骤。

2. 要求

1) 线形分明，图线连接光滑，作图准确，图面整洁。

2) 绘图时要严格遵守制图标准的各项规定，如有不详之处必须查阅相关标准。

3. 作业内容

抄绘：(1) 花池栏杆；(2) 路徽；(3) 吊钩，在三张图中任选一张绘制并标注尺寸。

4. 作业指导

1) 图纸：A4 幅面绘图纸（竖放）。

2) 铅笔：准备 2H、HB、B 三种型号的铅笔，打底稿用 2H，描深用 HB 或 B，写字用 HB。

3) 图线：建议图线的基本线宽（即粗实线的线宽）*b* 用 0.7mm 或 0.5mm，其余各类线型的线宽应符合线宽组规定，同类图线同样粗细，不同图线应粗细分明。

4) 字体：汉字用仿宋体，字母、数字用标准字体书写。建议标题栏中的图名、校名用 7 号字；其余文字用 5 号字。

5. 绘图步骤（以花池栏杆为例）

1) 先画基准线（左右对称线和底边）和已知线段（尺寸为 50 的直线段、$\phi 50$ 的圆等）。

2) 画中间线段（$R125$ 的圆弧）。

3) 画连接线段（$R50$、$R115$ 的圆弧）。

4) 检查无误后描深图线并标注尺寸。

5) 填写标题栏中的图名、校名、比例等内容。

(1) 花池栏杆（比例 1∶2）

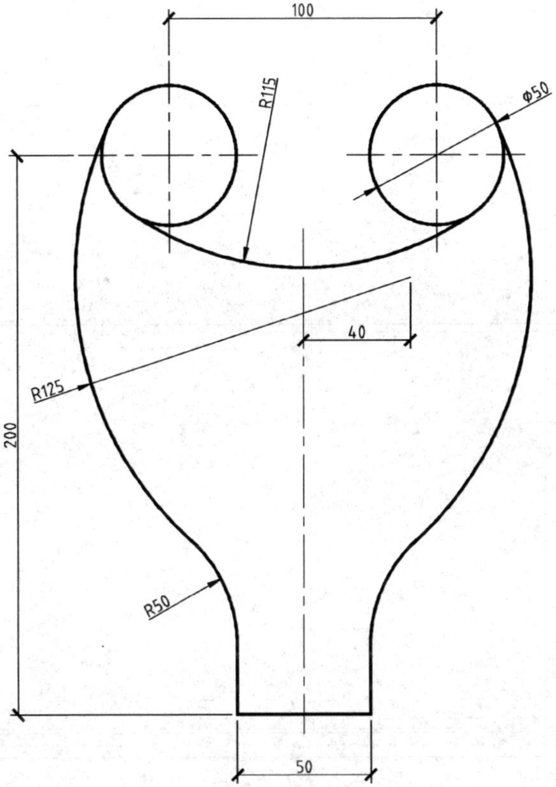

第一章 制图基本知识与技能

班级		学号		姓名	

请学生沿此线撕下

请学生沿此线撕下

1-9 平面图形的画法——II。

(2) 路徽（比例 1∶2）

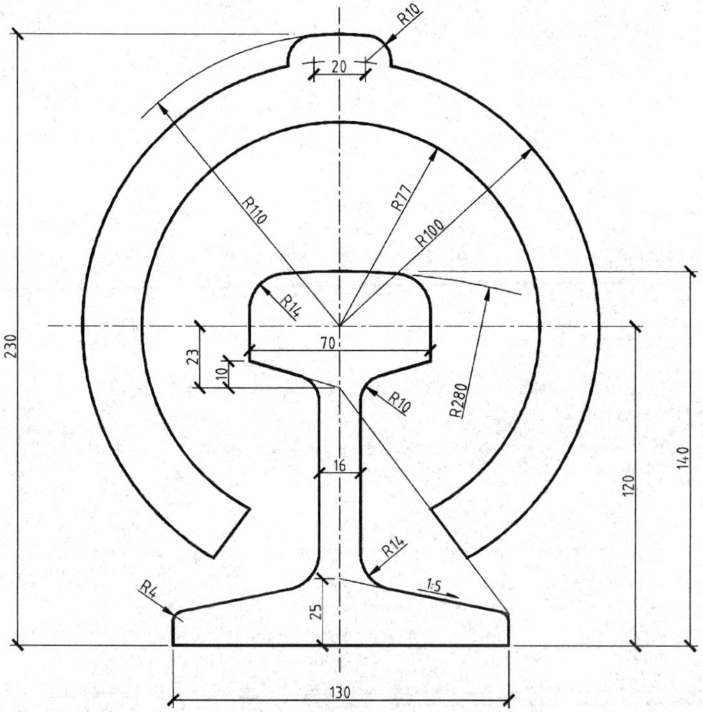

(3) 吊钩（比例 1∶1）

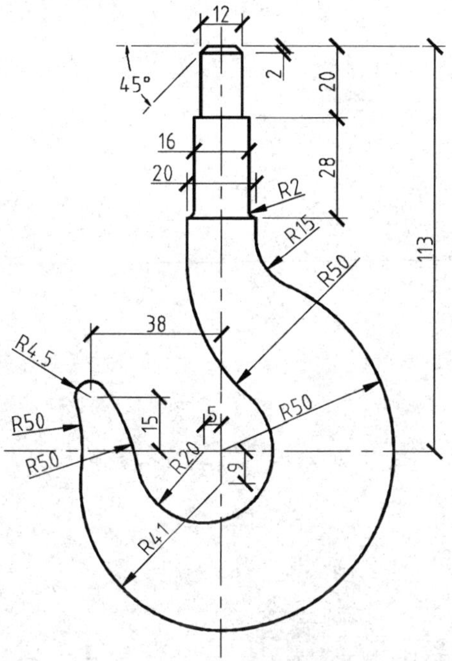

第一章 制图基本知识与技能 | 班级 | 学号 | 姓名

1-10 徒手绘图——I。

凭目测按大致比例徒手画出下列图形。

1.

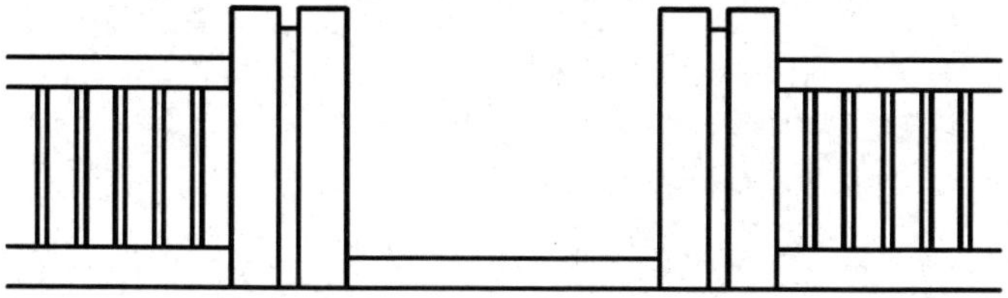

2.

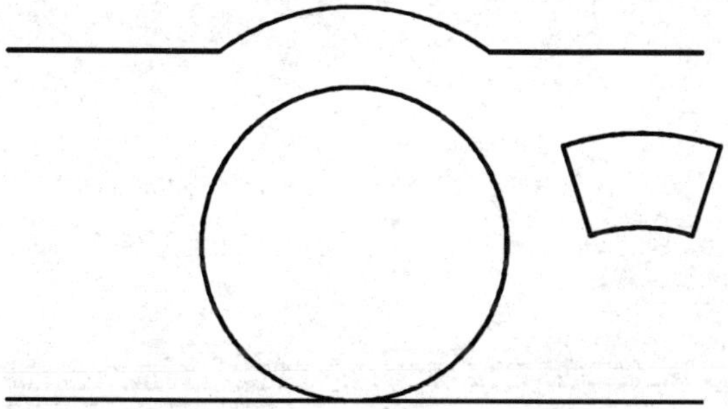

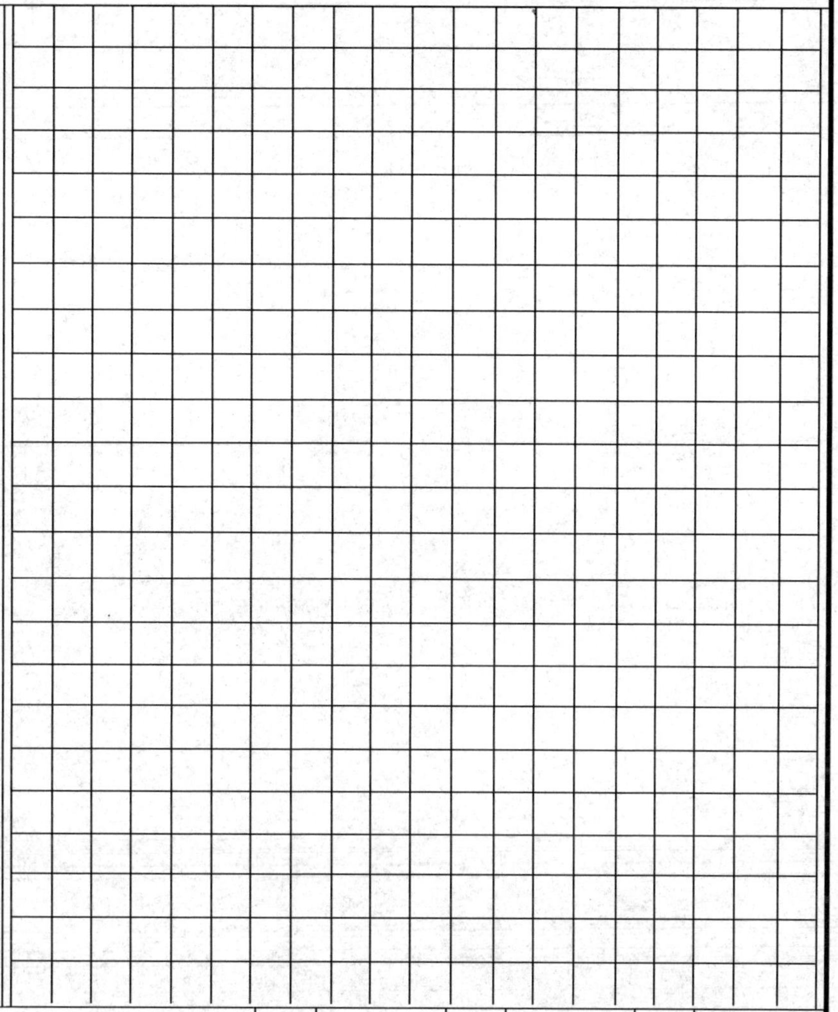

请学生沿此线撕下

第一章 制图基本知识与技能

班级 学号 姓名

请学生沿此线剪下

1-10 徒手绘图——II。

3.

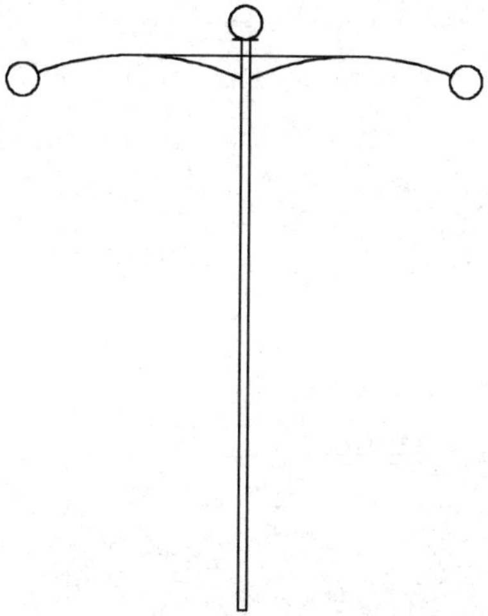

4.

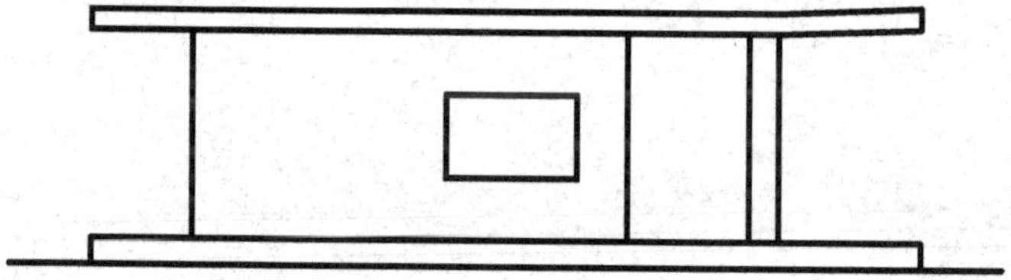

班级 学号 姓名

请学生沿此线撕下

2-1 投影图与立体图对照编号。

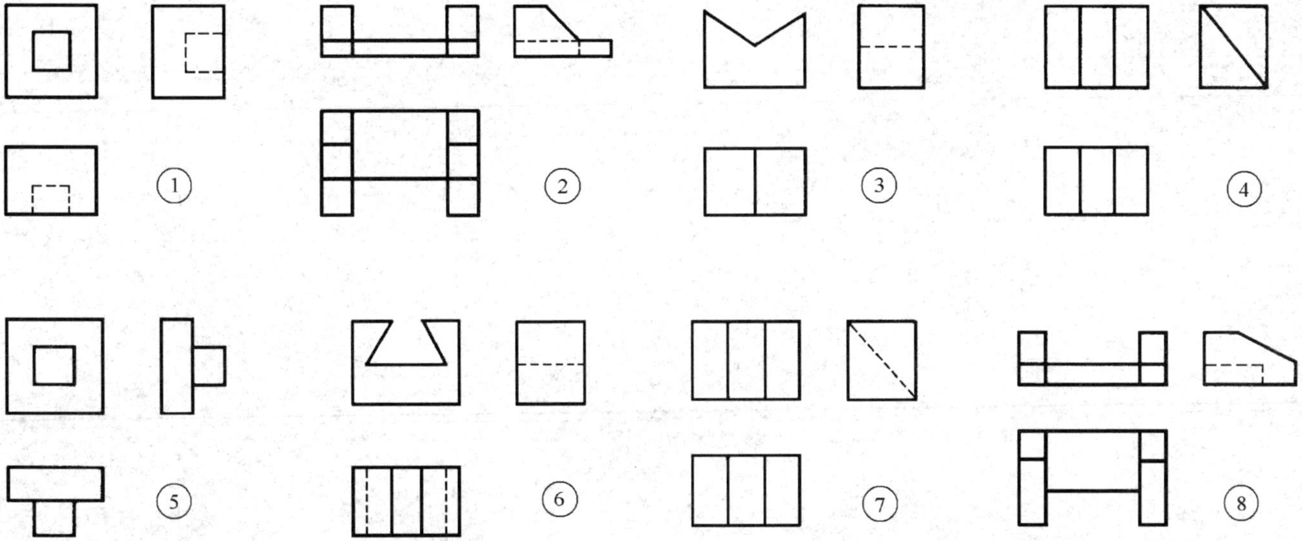

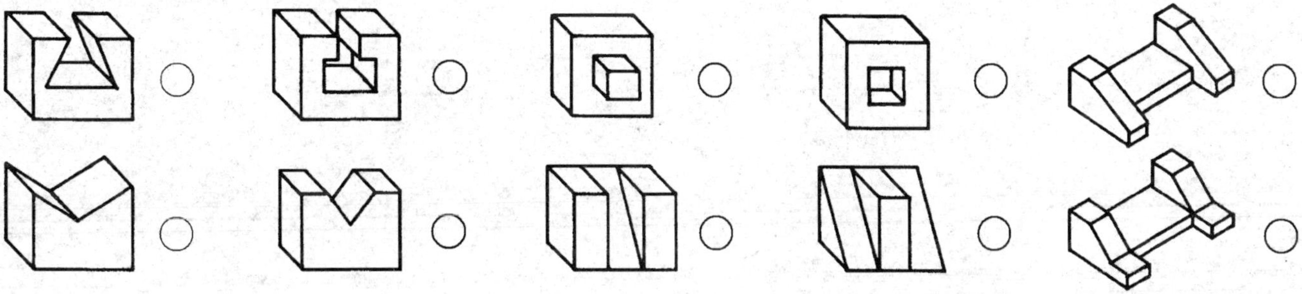

第二章　正投影基础		班级		学号		姓名	

2-2 补齐投影图中的漏线。

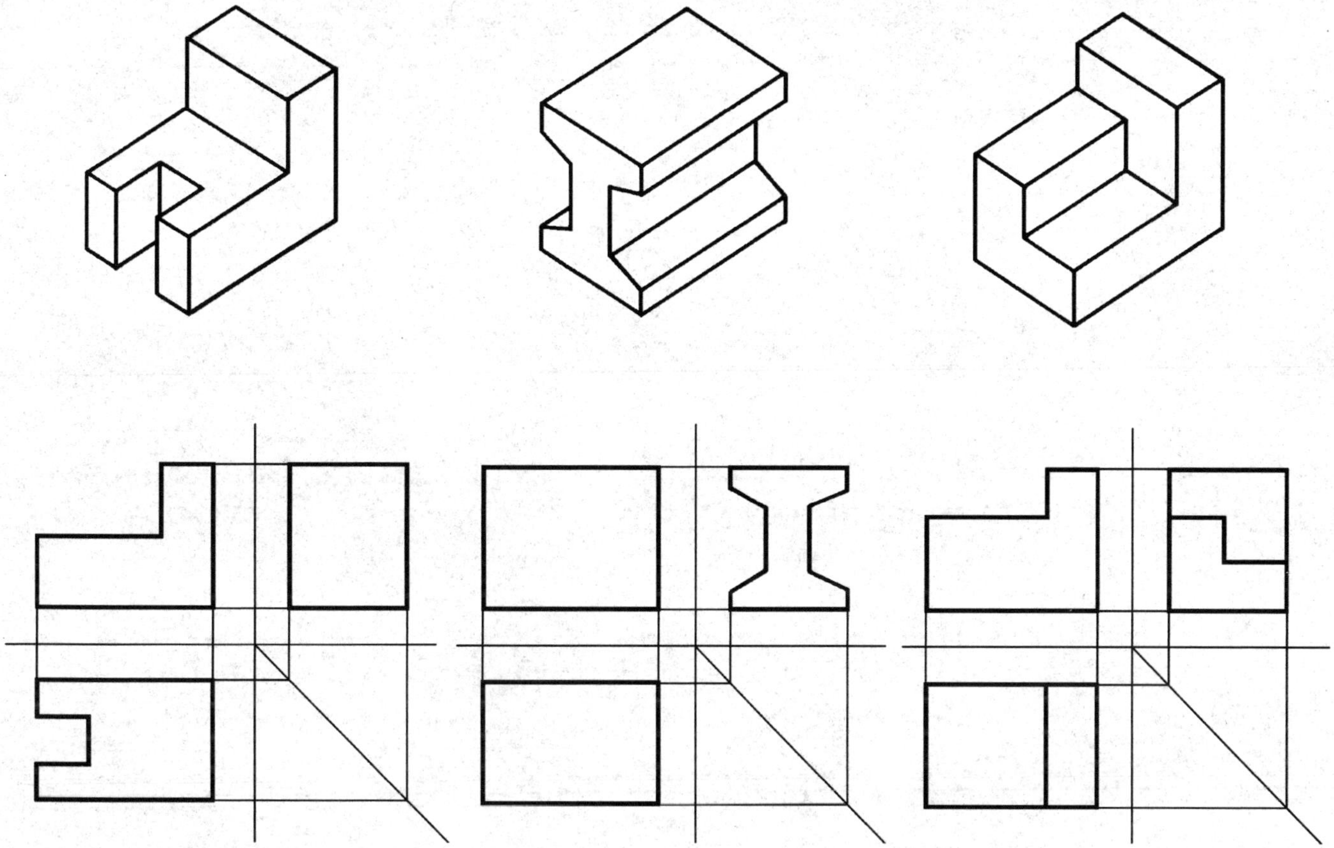

请学生沿此线撕下

请学生沿此线撕下

2-3 已知 *A*、*B*、*C* 三点的空间位置，试作出其两面投影。

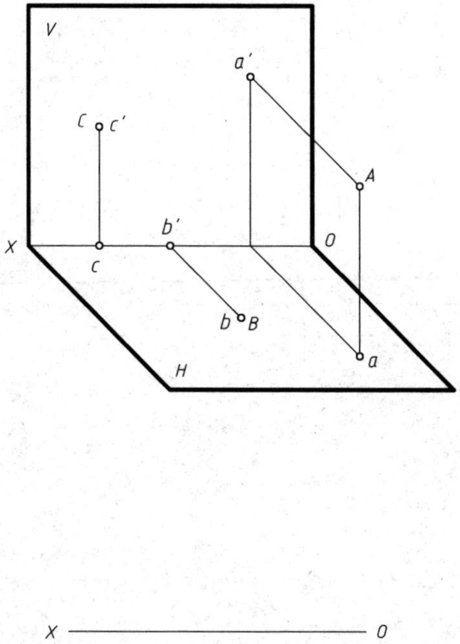

2-4 已知 *A*、*B*、*C* 三点的空间位置，试作出其三面投影。

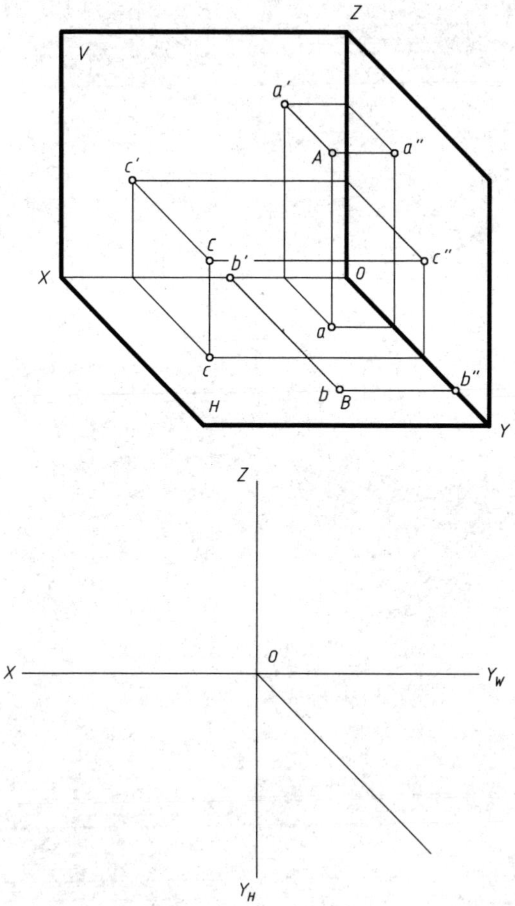

第二章　正投影基础		班级		学号		姓名

请学生沿此线撕下

2-5 对照立体图，在三面投影图中注明 *A*、*B*、*C* 三点的三面投影。

1.

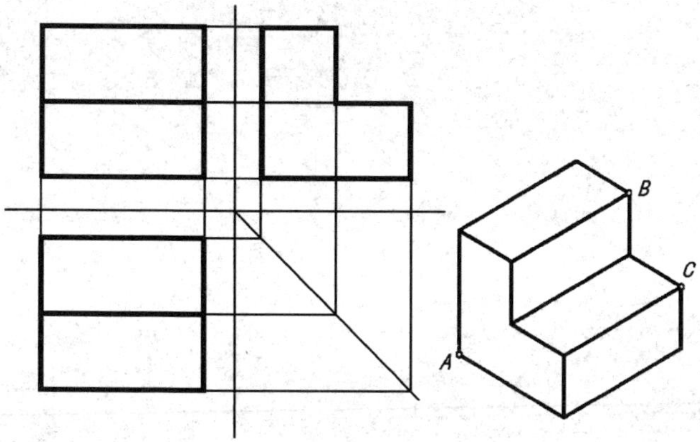

2.

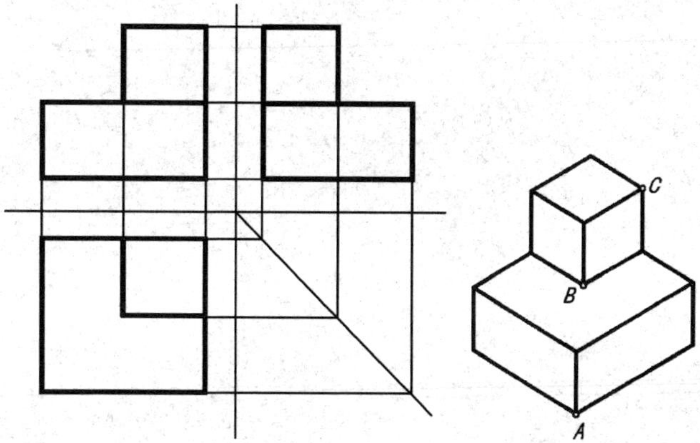

3.

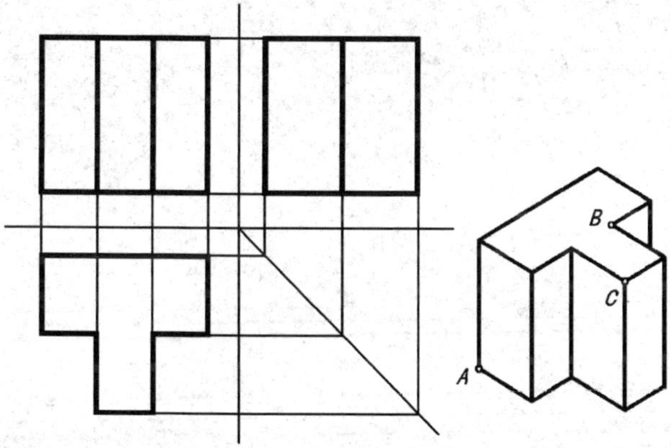

4.

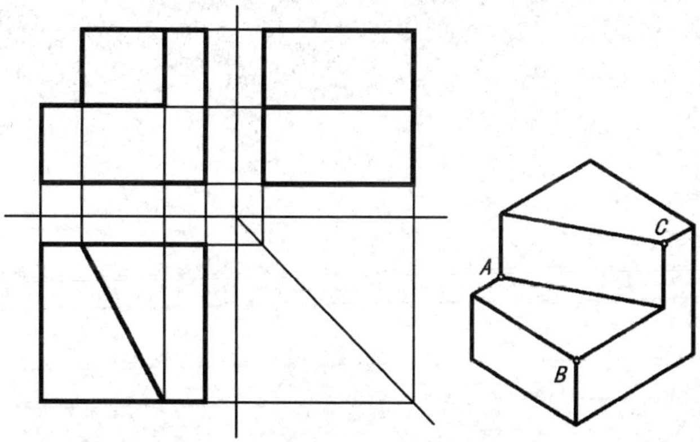

请学生沿此线撕下

2-6 已知 A、B、C 三点的两面投影，求各点的第三面投影。

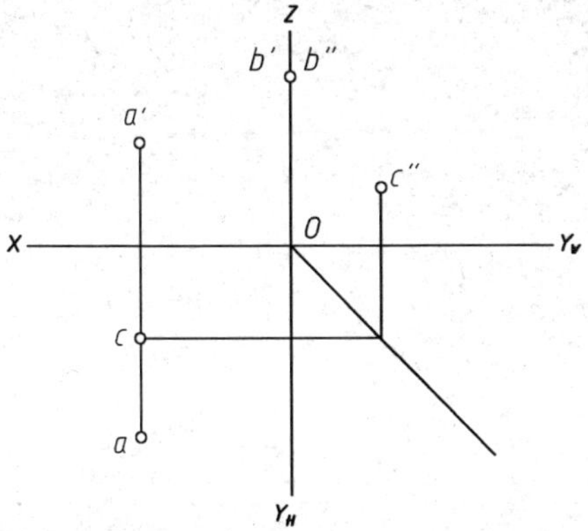

2-7 已知点 A 的坐标（10，5，15），又知点 B 在点 A 的左方 15，前方 10，下方 5，点 C 距投影面 W、V、H 分别为 20、10、15，试求各点的三面投影。

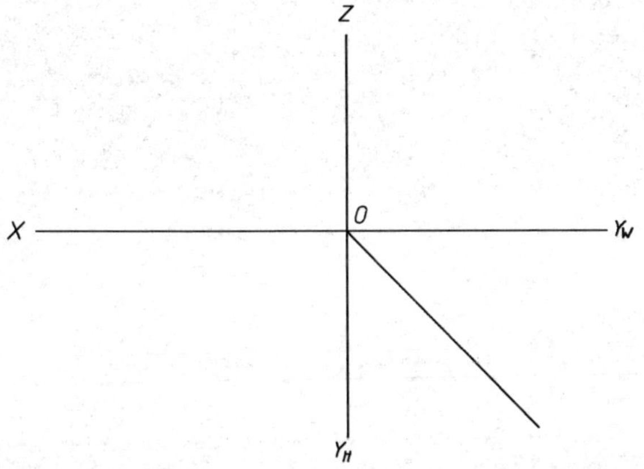

2-8 已知 A、B、C 三点的两面投影，试求其第三面投影，并在表中填入各点到投影面的距离（尺寸由图上量取，取整数）。

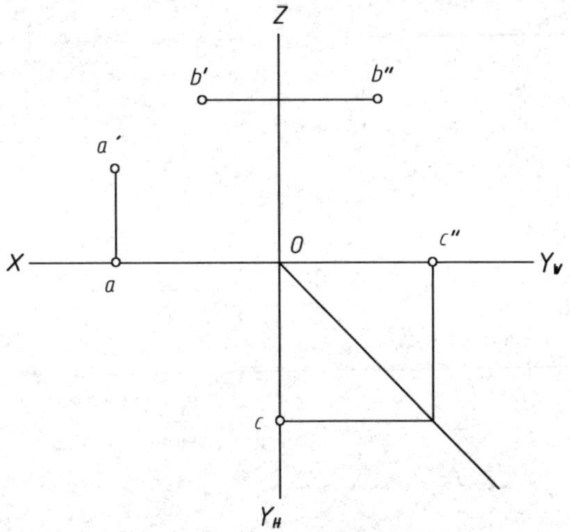

距离 已知点	到 H 面	到 V 面	到 W 面
A			
B			
C			

请学生沿此线撕下

2-9 在下列投影图中，试标出立体图上所注直线段的三面投影，并判断其空间位置。

1.

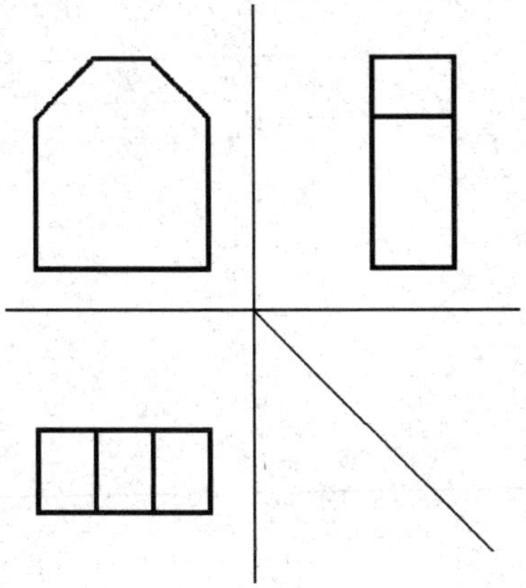

AB 正垂线

BC ________

CD ________

BE ________

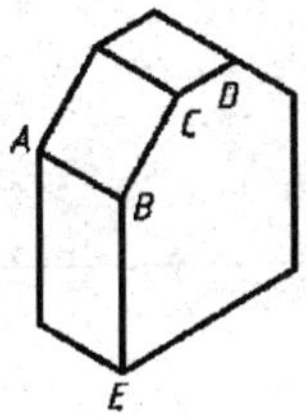

2.

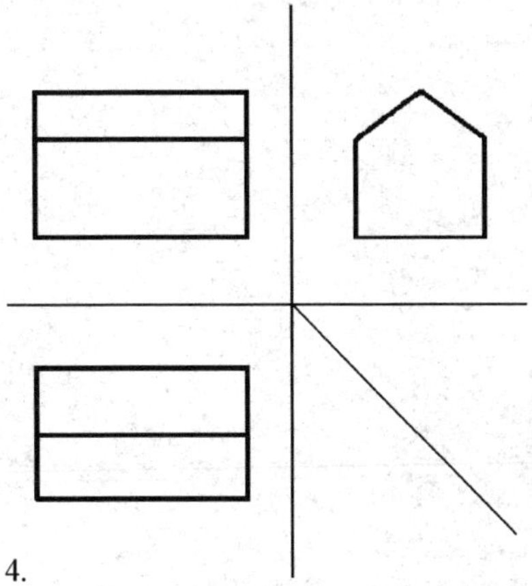

AB ________

BC ________

BD ________

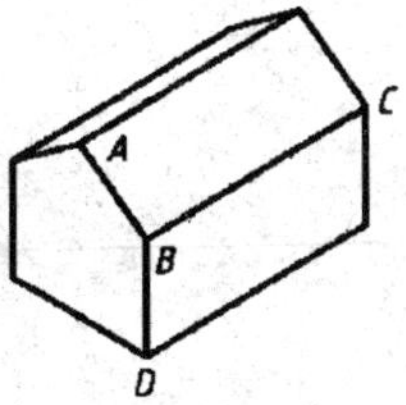

3.

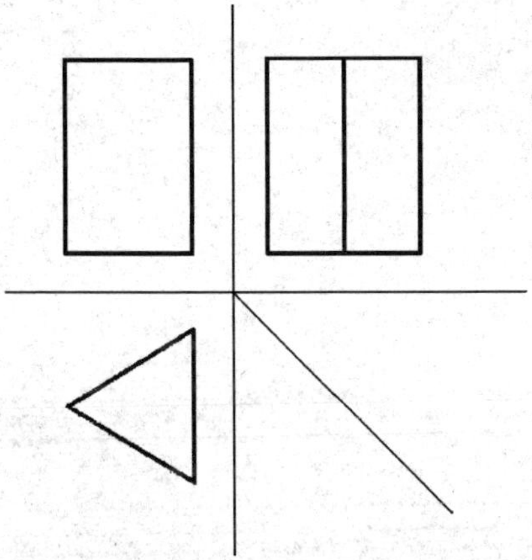

AB ________

BD ________

CA ________

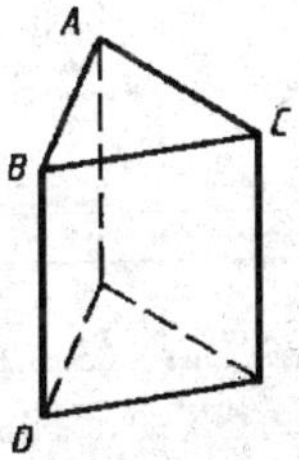

4.

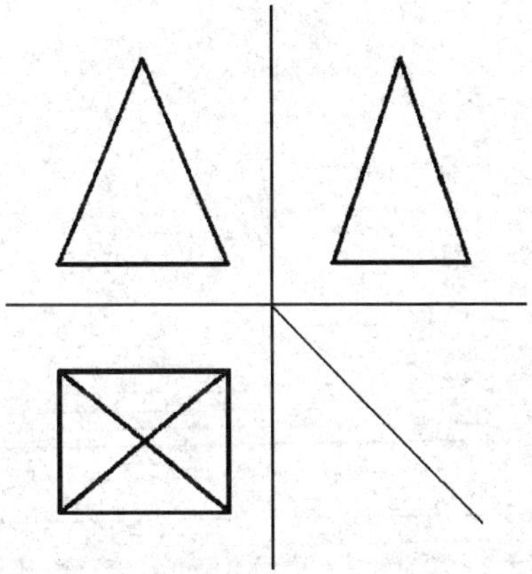

AB ________

BC ________

CD ________

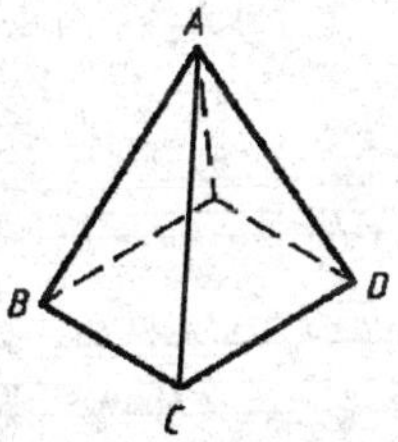

第二章　正投影基础		班级		学号		姓名	

请学生沿此线撕下

2-10 求下列各直线的第三面投影，并判断其空间位置。

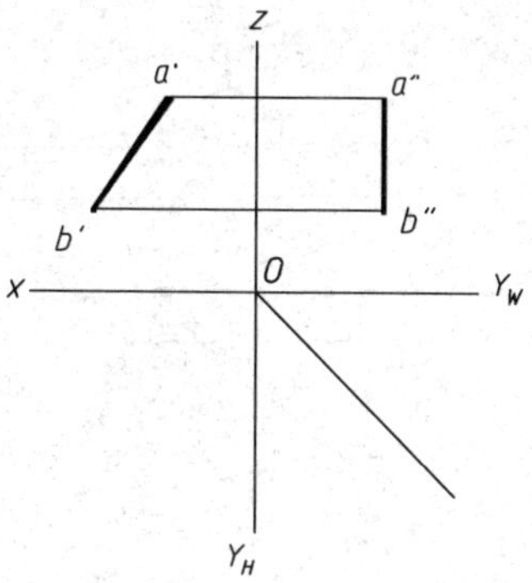

AB是________线

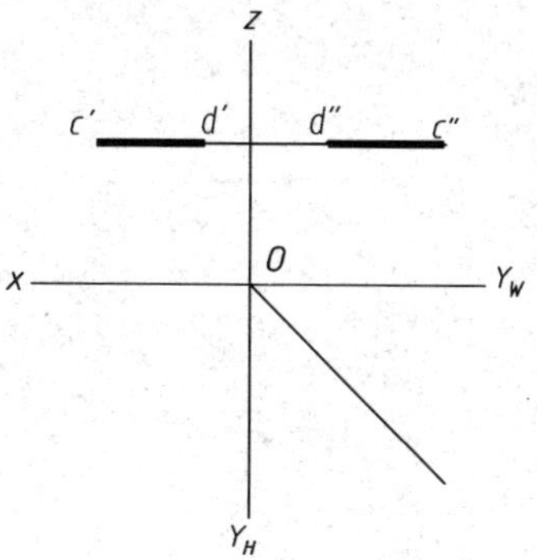

CD是________线

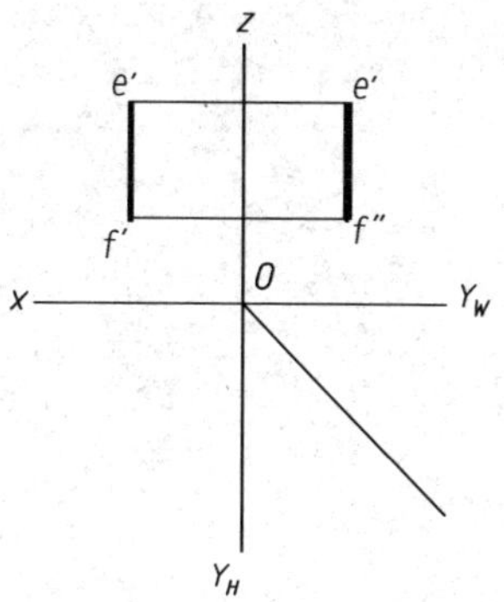

EF是________线

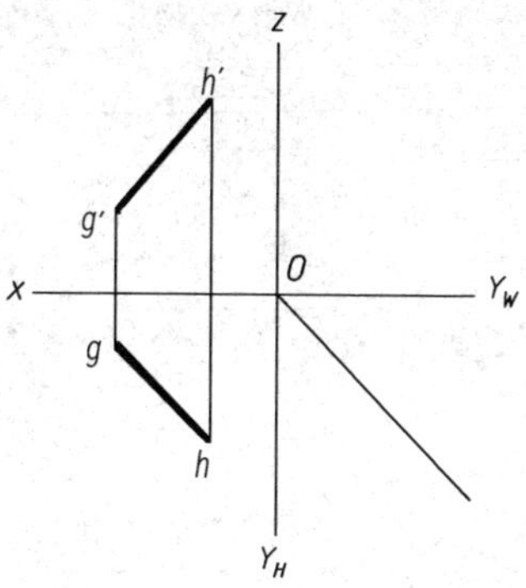

GH是________线

2-11 已知直线 *AB* 的两面投影。1. 求其第三面投影；2. 设直线 *AB* 上一点 *C* 距 *H* 面 20，求点 *C* 的三面投影。

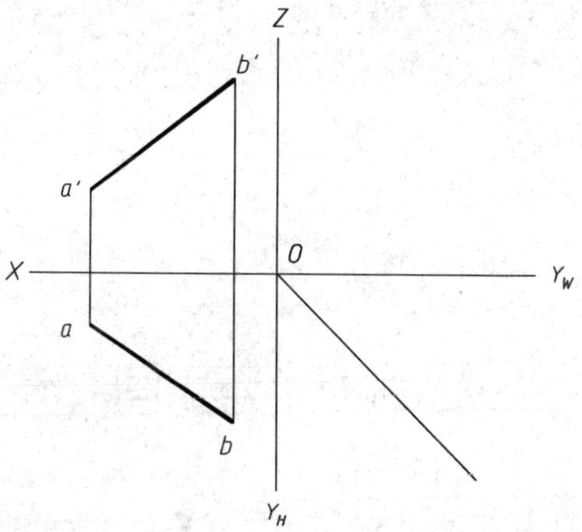

2-12 已知直线 *AB* 的两面投影，设直线 *AB* 上一点 *C* 将 *AB* 分成 2:3，求点 *C* 的三面投影。

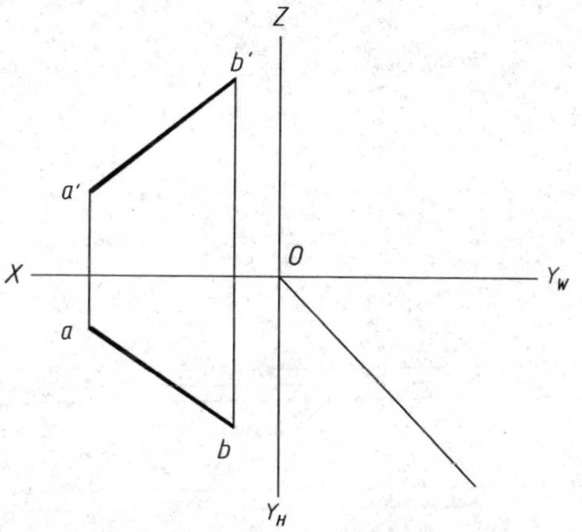

2-13 求直线 *AB* 的实长以及对 *H* 面、*V* 面的倾角 α、β。

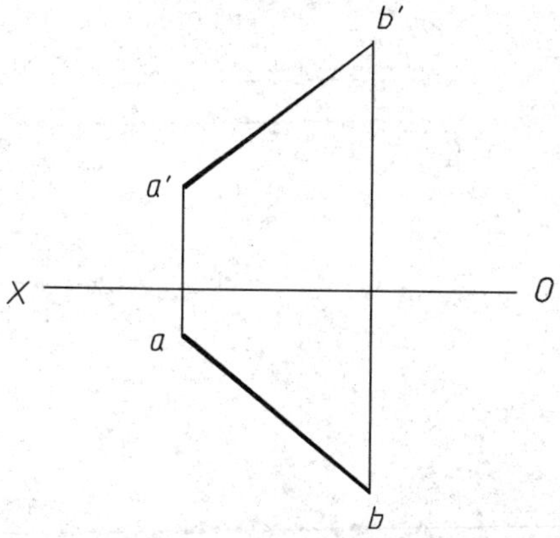

2-14 作水平线 *AB* 的三面投影。已知点 *A* 距 *H* 面为 15，距 *V* 面为 5，距 *W* 面为 10，*AB* 与 *V* 面夹角为 30°，实长为 30，点 *B* 在点 *A* 的左前方。

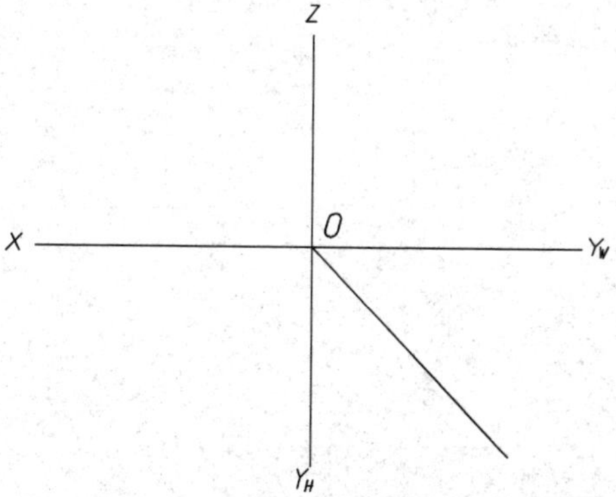

2-15 求直线 *CD* 对 *V* 面、*W* 面的倾角 β、γ。

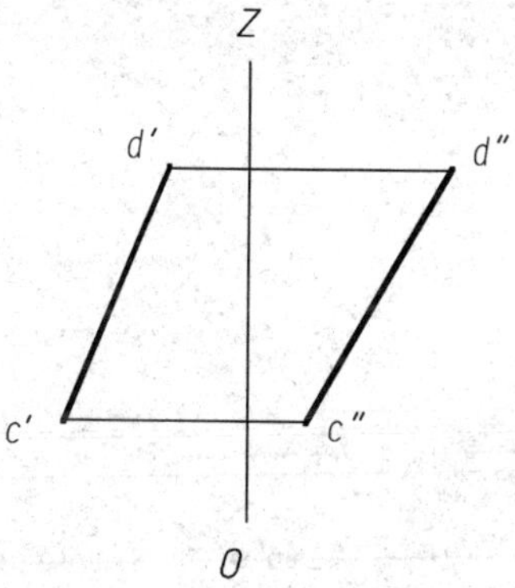

2-16 在直线 *AB* 上求一点 *K*，使 *AK* 的实长为 20mm。

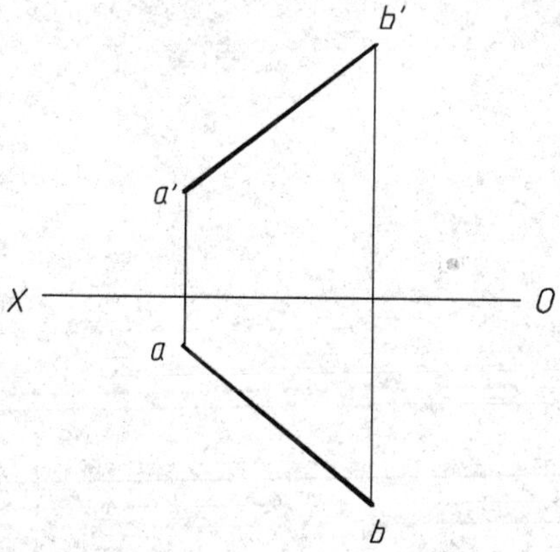

第二章 正投影基础		班级		学号		姓名	

请学生沿此线撕下

2-17 在下列投影图中，试标出立体图上所注平面的三面投影，并判断平面的空间位置。

1.

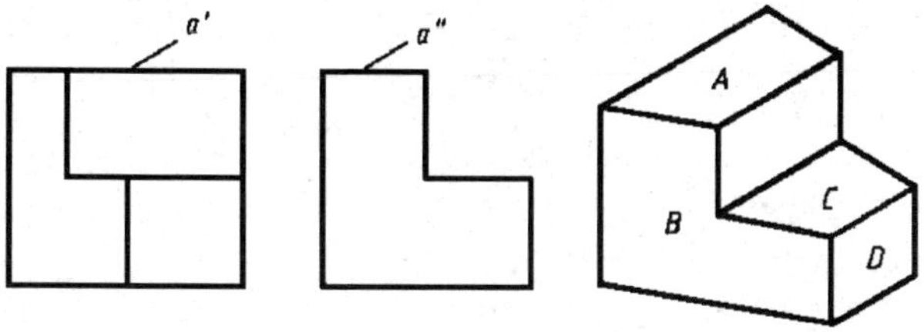

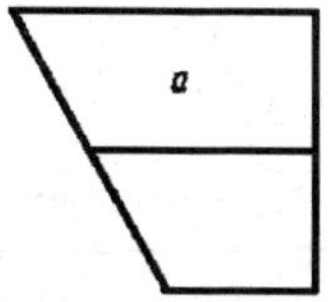

A是__水平__面 C是________面

B是________面 D是________面

2.

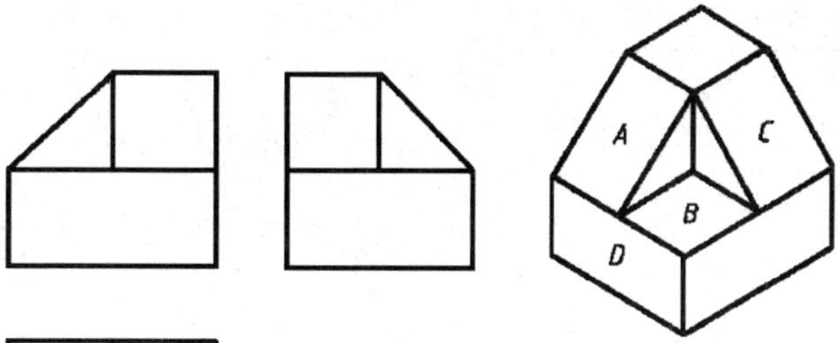

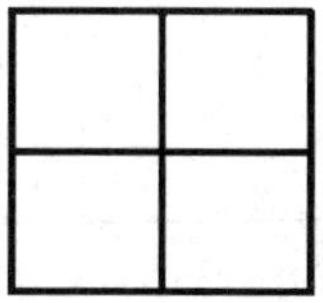

A是________面 C是________面

B是________面 D是________面

3.

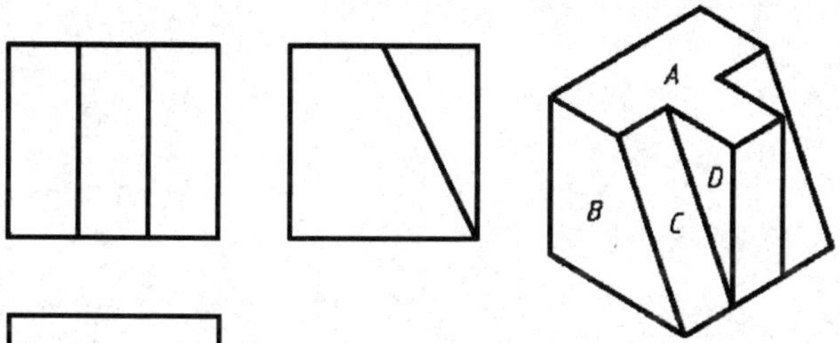

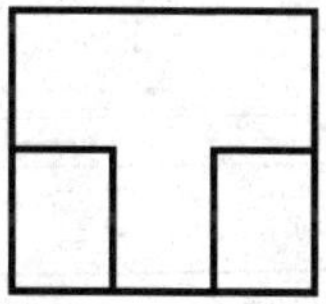

A是________面 C是________面

B是________面 D是________面

4.

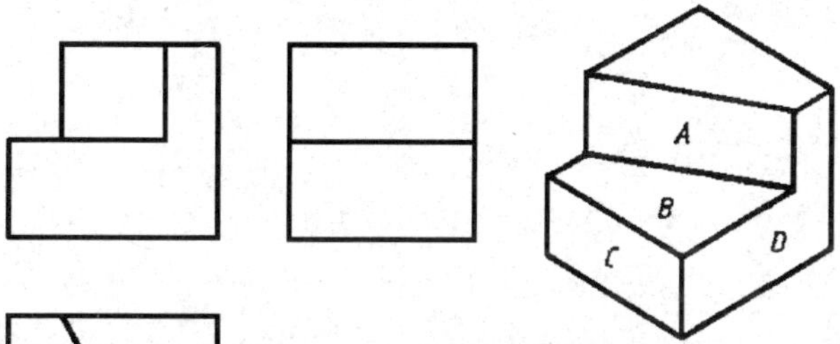

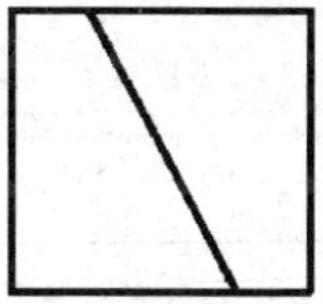

A是________面 C是________面

B是________面 D是________面

第二章 正投影基础		班级		学号		姓名	

请学生沿此线撕下

2-17 在下列投影图中，试标出立体图上所注平面的三面投影，并判断平面的空间位置。

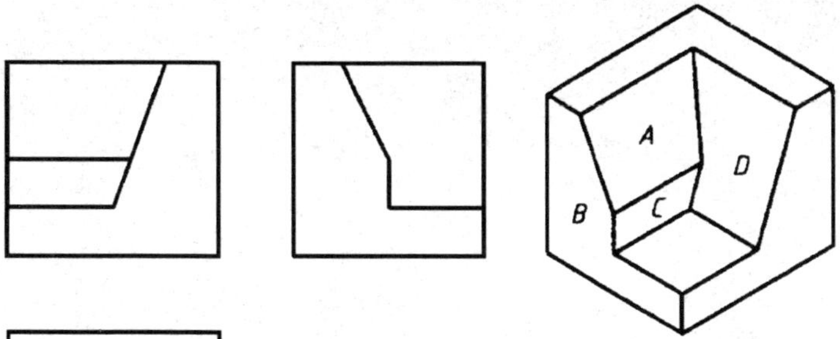

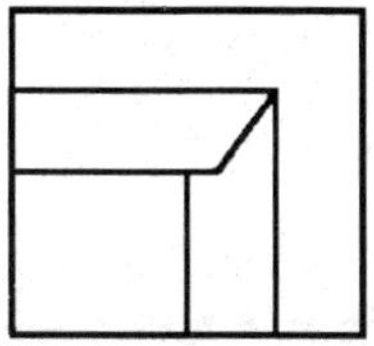

A 是________面 C 是________面

B 是________面 D 是________面

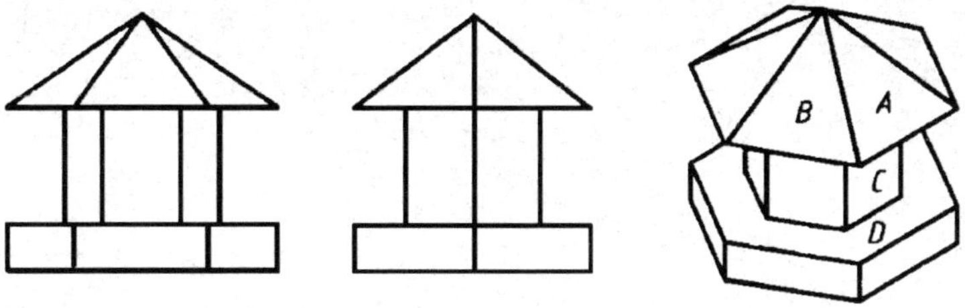

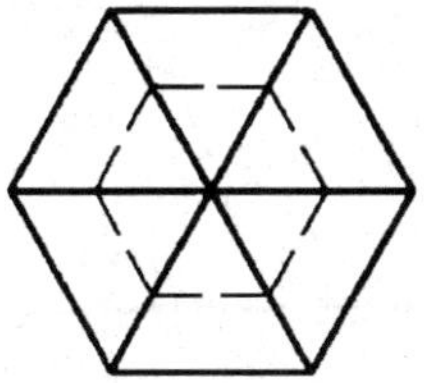

A 是________面 C 是________面

B 是________面 D 是________面

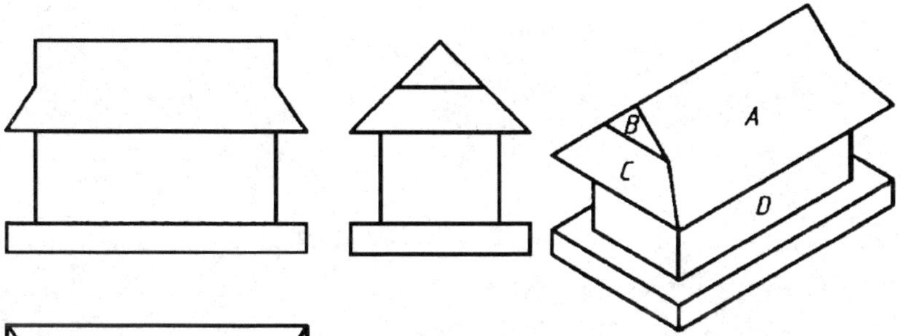

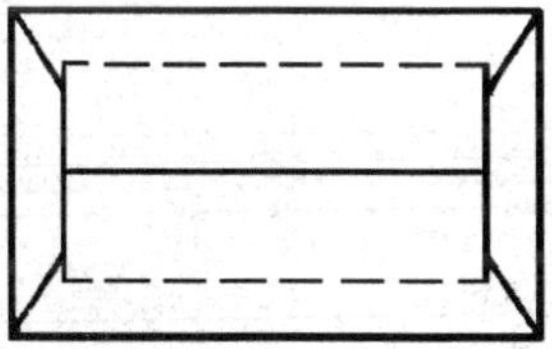

A 是________面 C 是________面

B 是________面 D 是________面

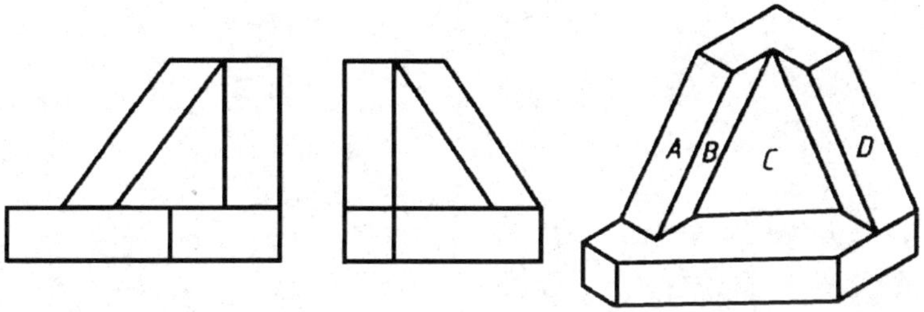

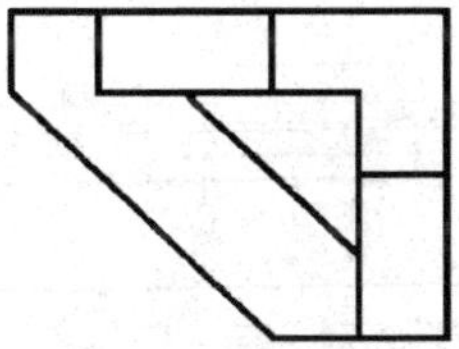

A 是________面 C 是________面

B 是________面 D 是________面

2-18 判断下图中各平面的空间位置。

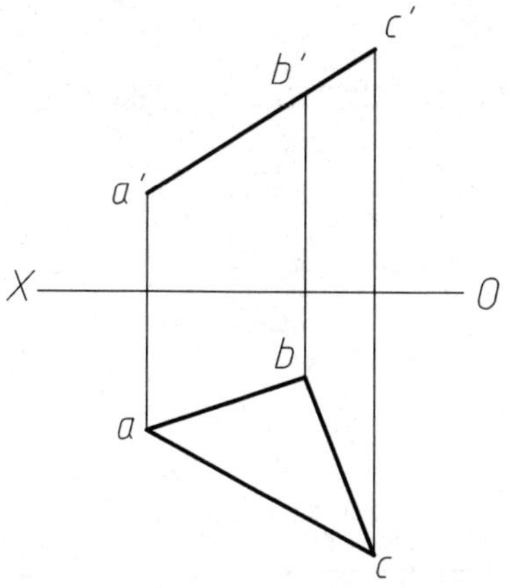

ΔABC是＿＿＿＿＿＿面

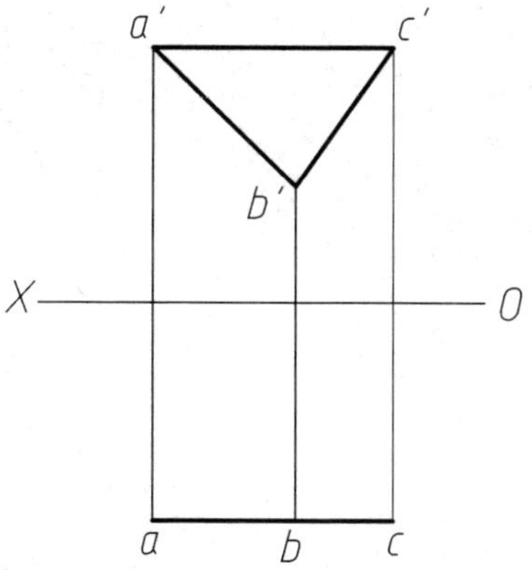

ΔABC是＿＿＿＿＿＿面

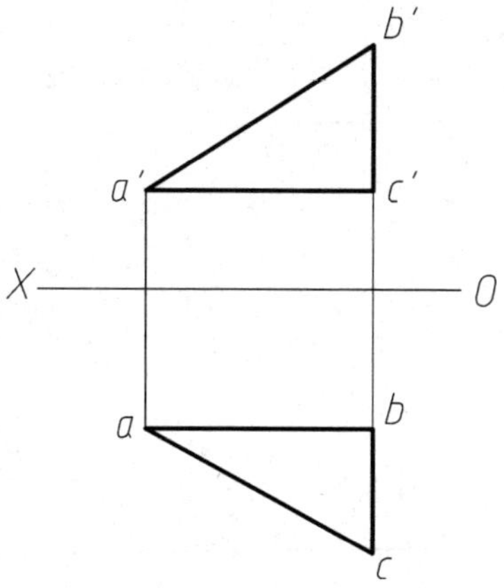

ΔABC是＿＿＿＿＿＿面

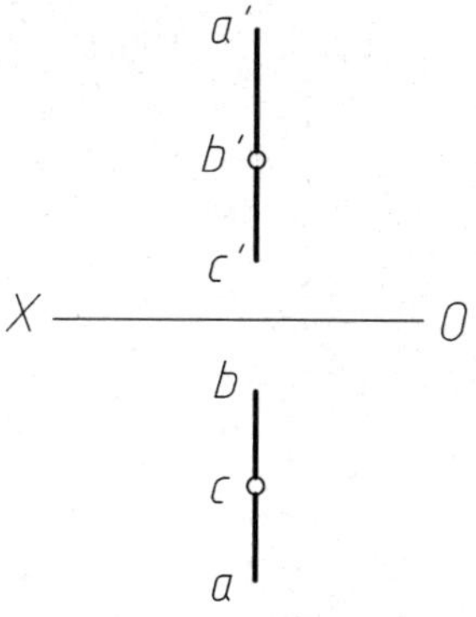

ΔABC是＿＿＿＿＿＿面

2-19 已知平面的两面投影，求其第三面投影。

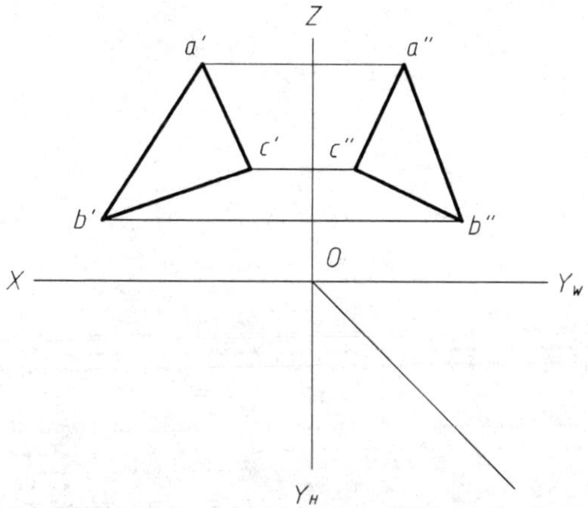

2-20 求平面上点 *K* 与点 *N* 的另一面投影。

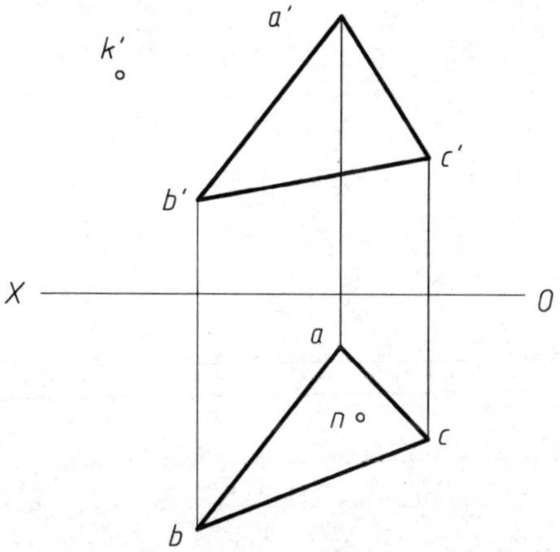

请学生沿此线撕下

2–21 完成平面图形 *ABCDE* 的水平投影。

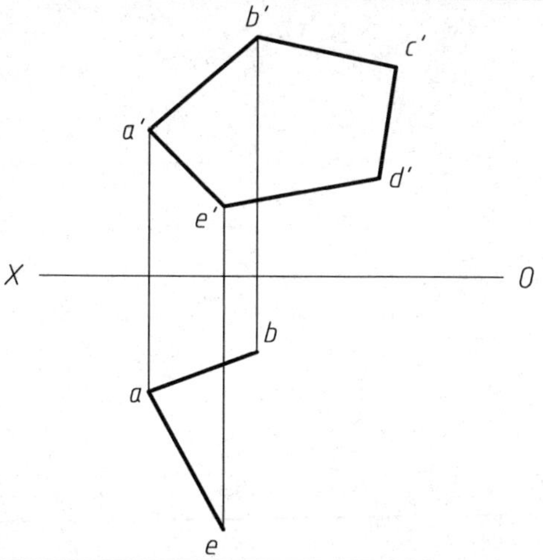

2-22 已知 *AD* 为水平线，试求平面图形 *ABCD* 的正面投影。

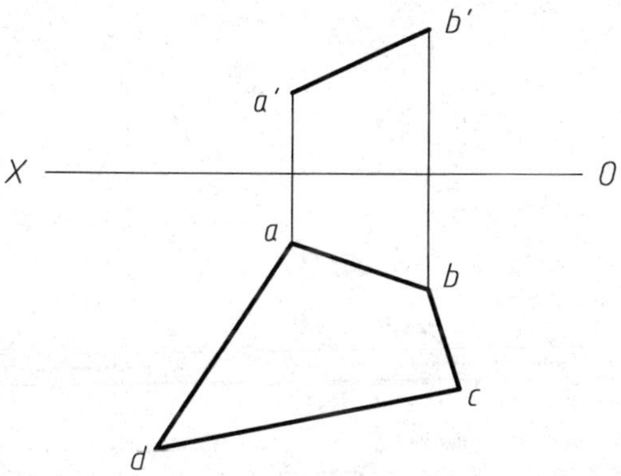

2-23 求平面图形 *ABCDEFGH* 的三面投影，并判断平面图形和直线 *EF*、*FG* 的空间位置。

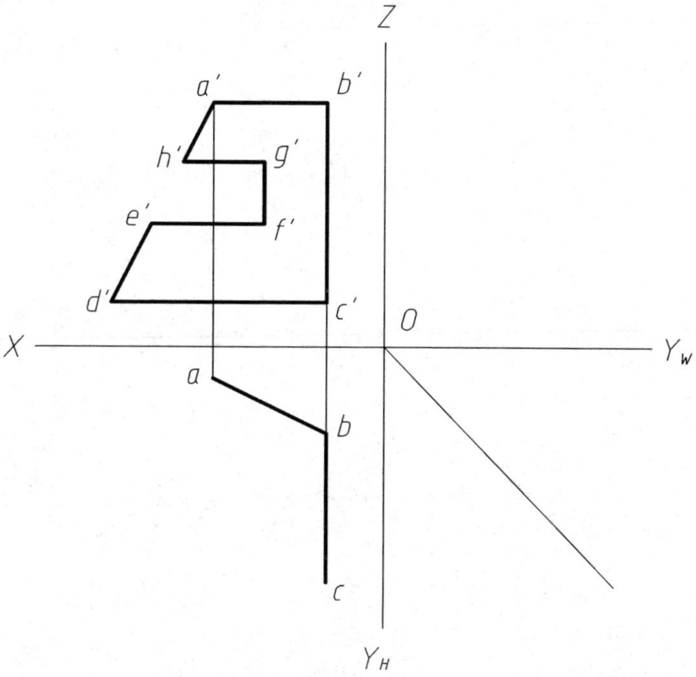

平面 *ABCDEFGH* 是__________面；

直线 *EF* 是__________线；

直线 *FG* 是__________线。

请学生沿此线撕下

3-1 按给出的条件画基本体的三面投影图。

1.T 形柱，长 20mm。

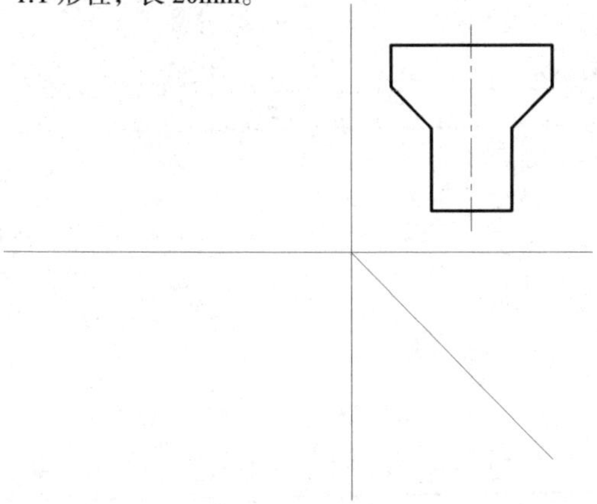

2. 正三棱锥，高 20mm。

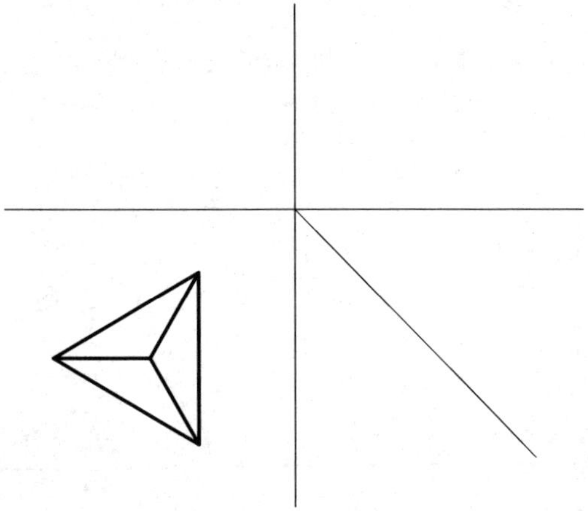

3. 圆管，高 20mm。

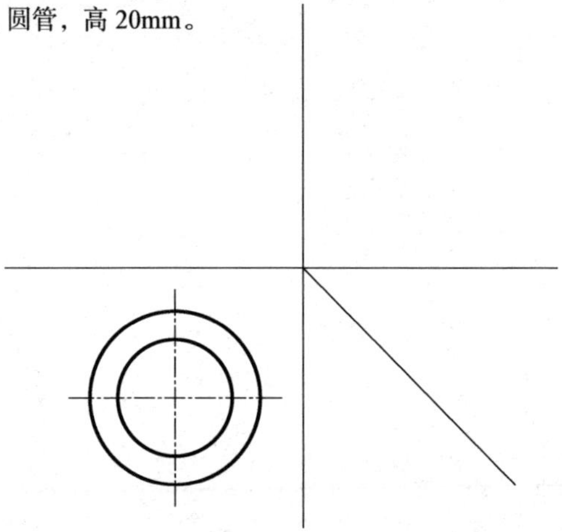

4. 半圆锥，高 15mm。

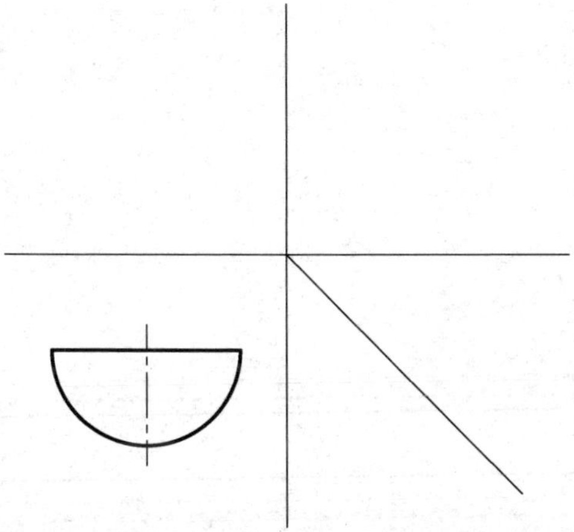

5. 平台，高 15mm。

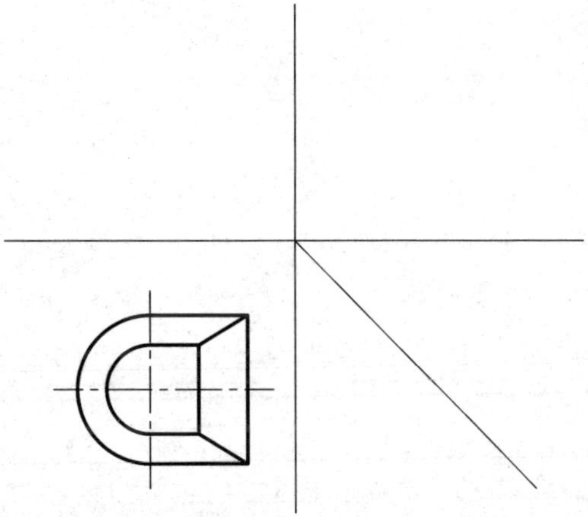

6. 回转体。

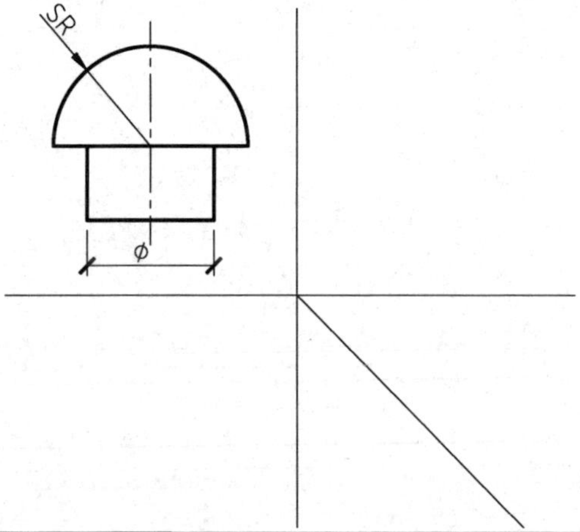

班级		学号		姓名	

请学生沿此线撕下

3-2 补画基本体的第三面投影图，并求其上点、线的其他两面投影。

1.

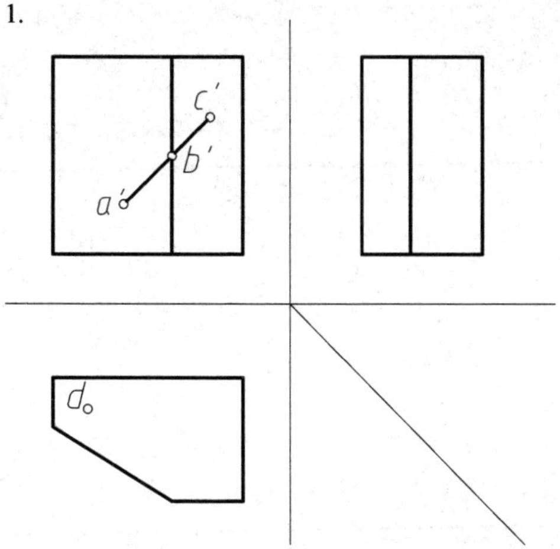

2.

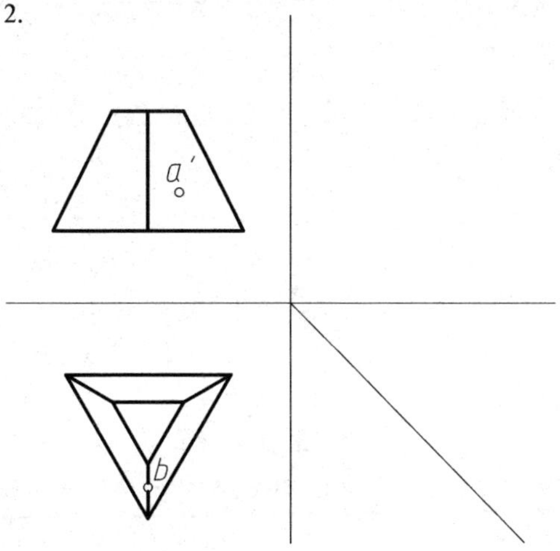

3.

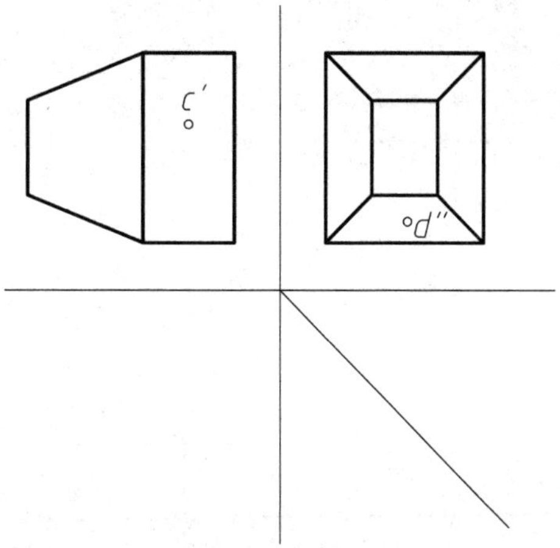

4.

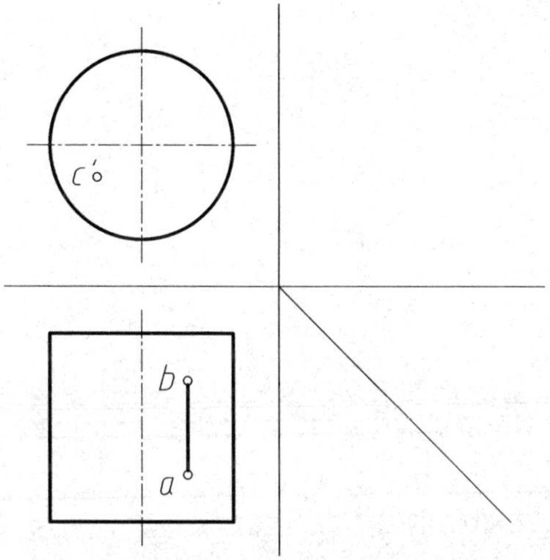

5.

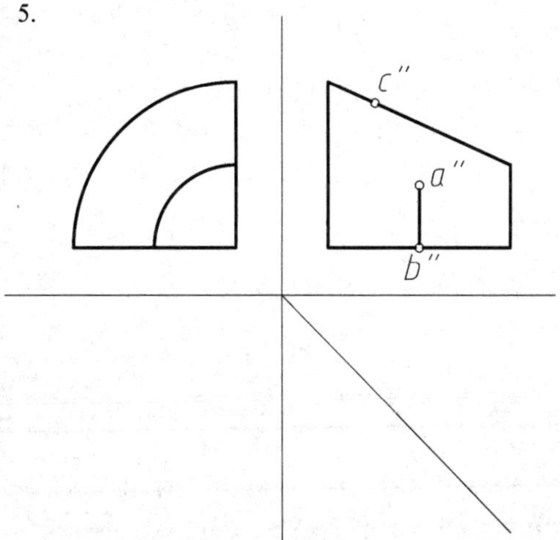

6.

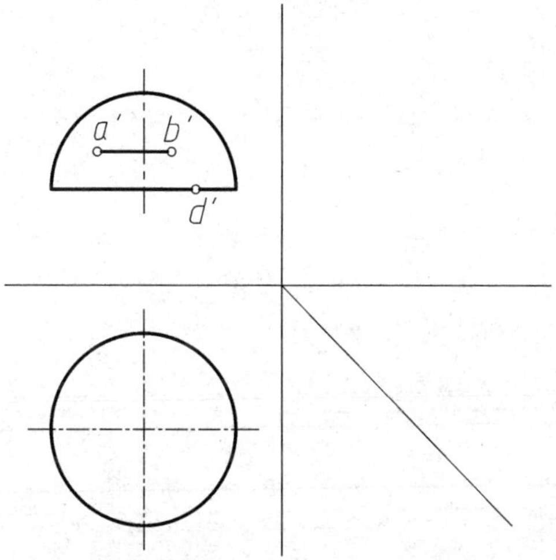

第三章 体的投影		班级		学号		姓名	

请学生沿此线撕下

3-3 补全各平面截切体的三面投影。

1. 六棱柱

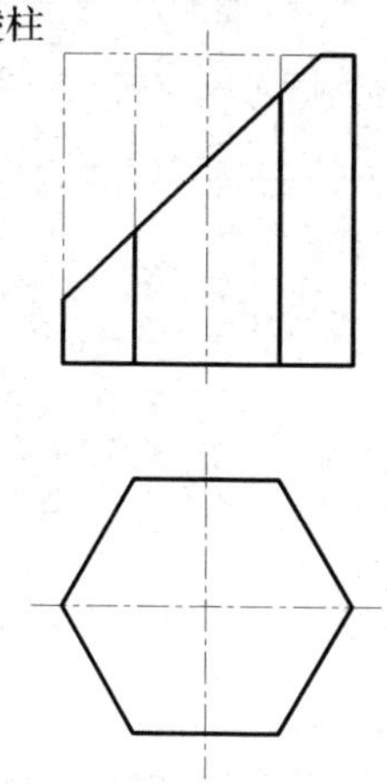

2. 三棱柱

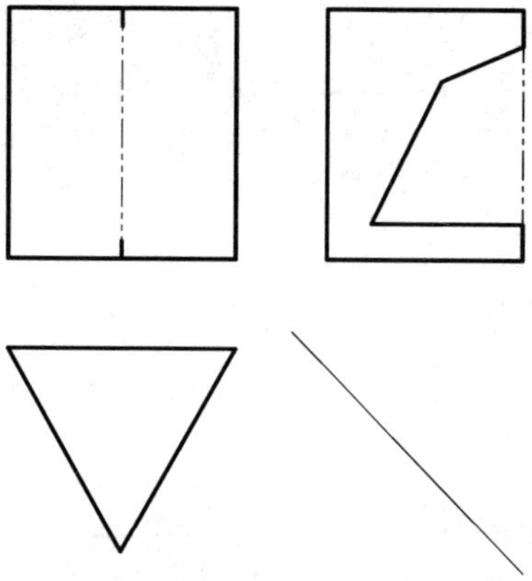

3. 五棱锥

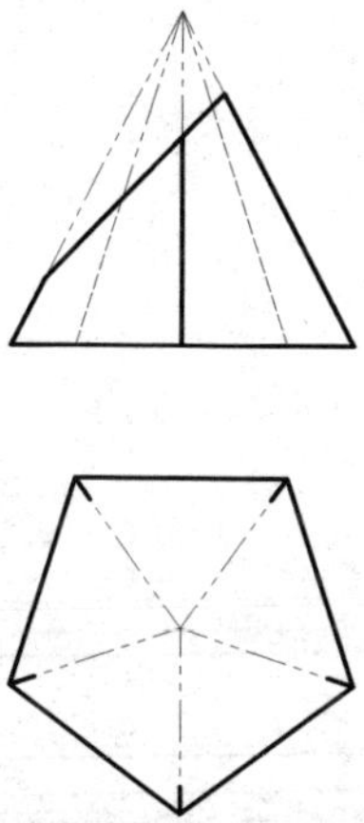

4. 四棱锥

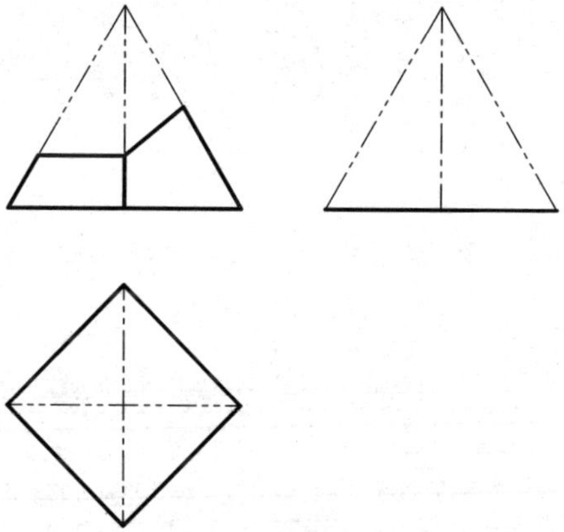

第三章 体的投影

班级		学号		姓名	

请学生沿此线撕下

3-4 补全圆柱截切体的三面投影。

1.

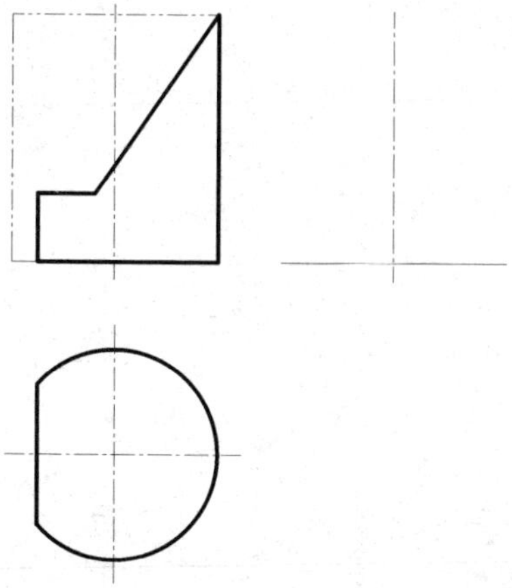

2.

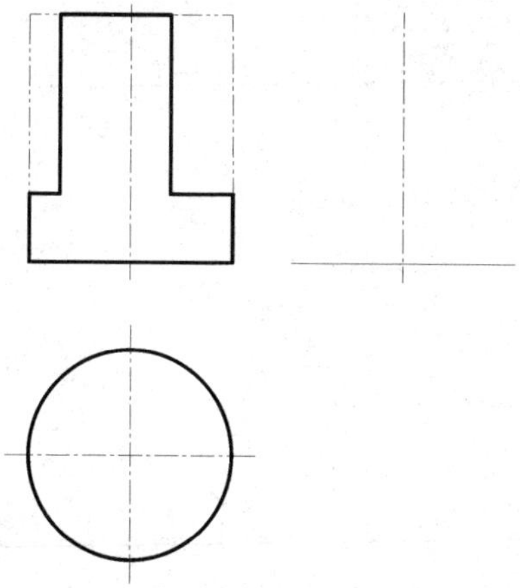

3.

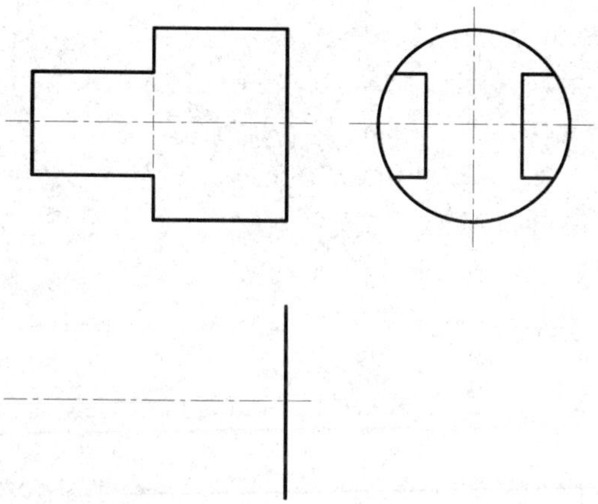

4.

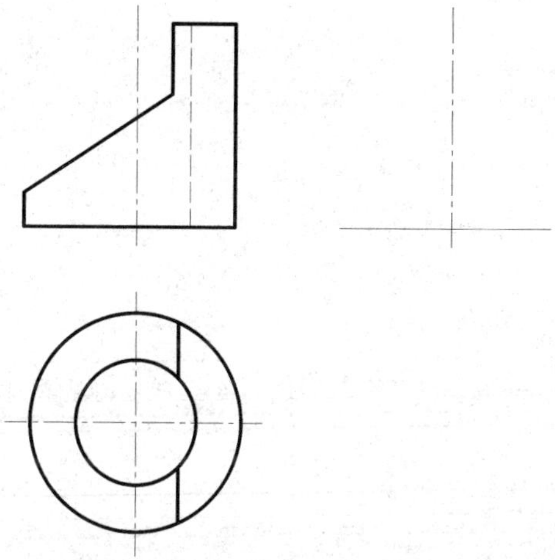

第三章 体的投影		班级		学号		姓名	

请学生沿此线撕下

3-5 补全圆锥、圆球截切体的三面投影。

1.

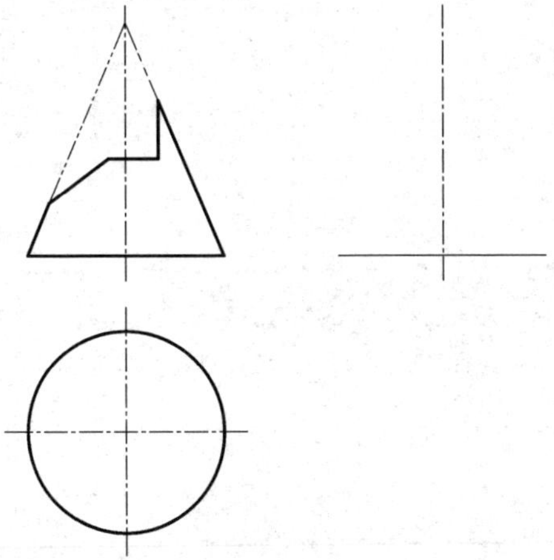

2.

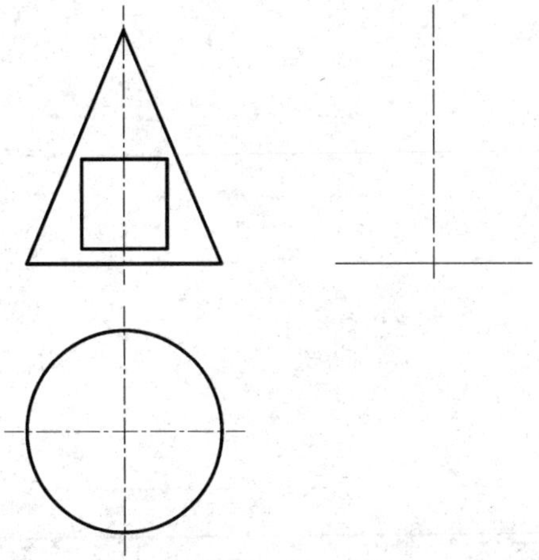

3.

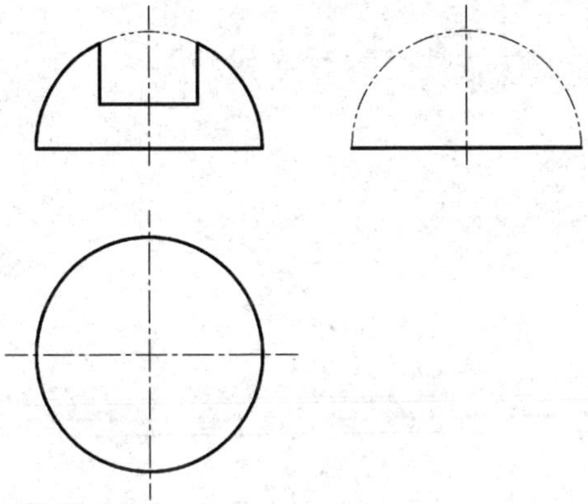

4.

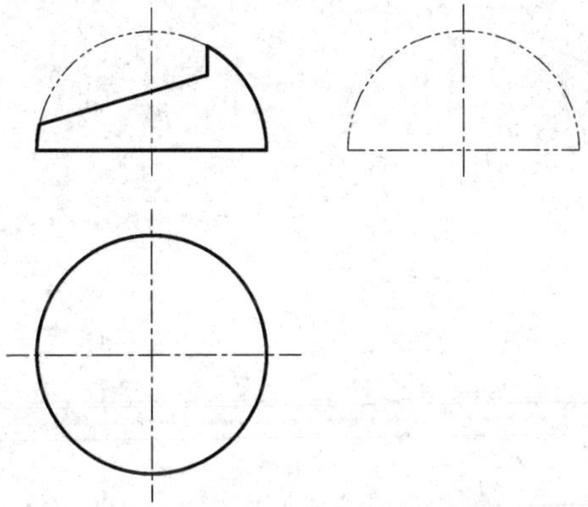

第三章 体的投影		班级		学号		姓名	

请学生沿此线撕下

3-6 求烟囱、气窗与屋面的交线。

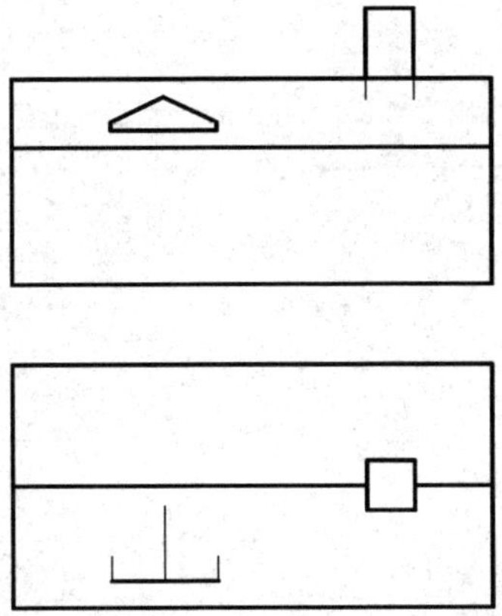

3-7 求两棱柱相贯线的 V 面投影。

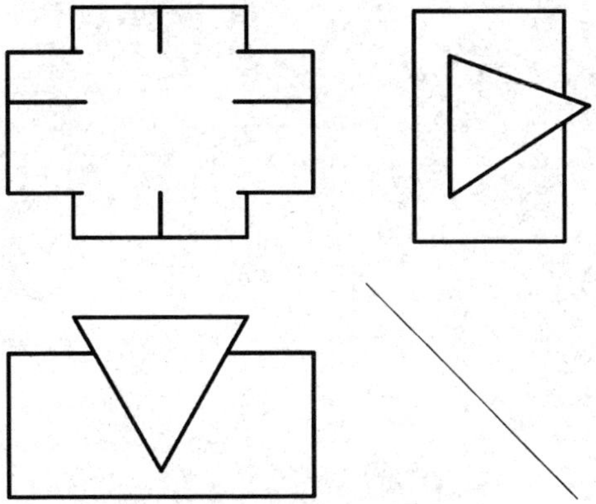

3-8 求半圆拱屋面与坡屋面的交线。

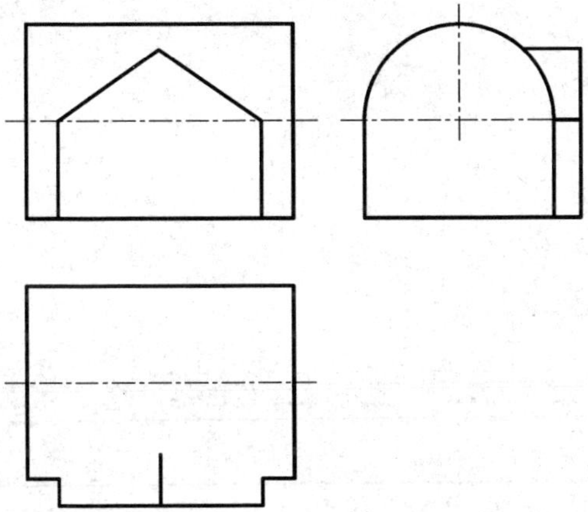

3-9 求半圆球、四棱柱相贯体的 V、W 面投影。

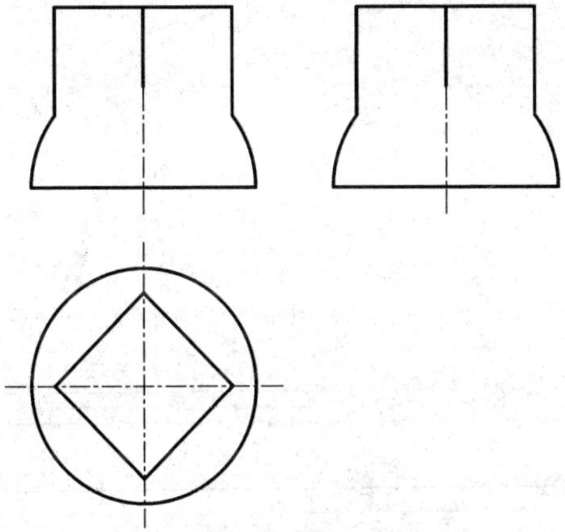

请学生沿此线撕下

3-10 补画下列形体的第三面投影，并在投影图中标出平面 *P* 和 *R* 的其余投影。

1.

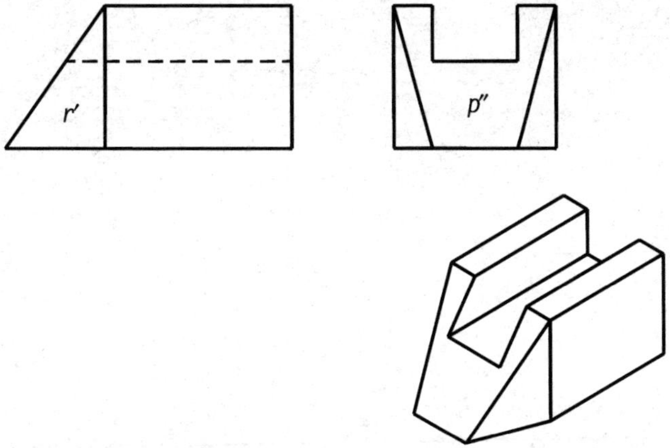

2.

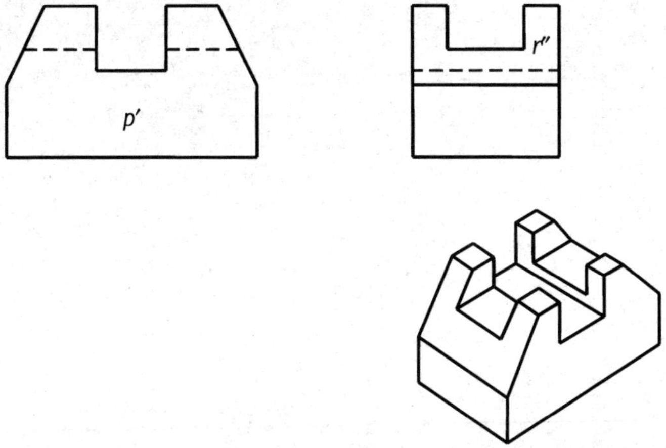

3.

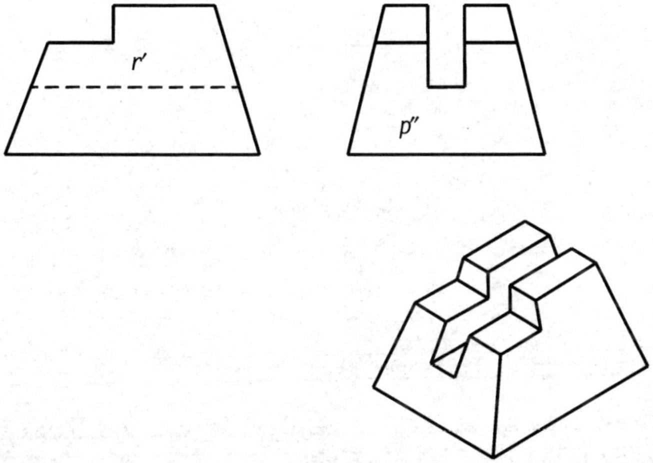

4.

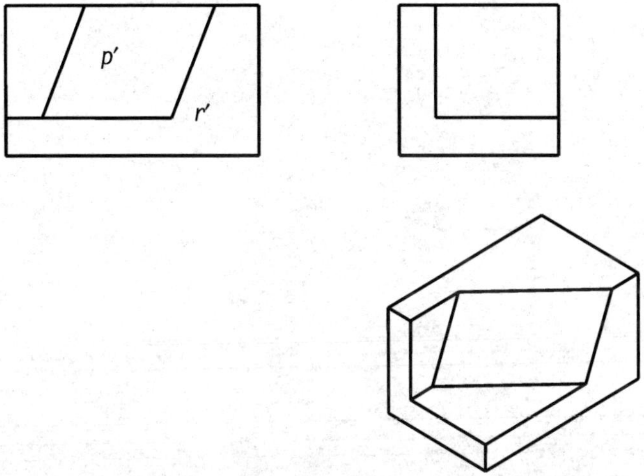

第三章 体的投影		班级		学号		姓名	

请学生沿此线撕下

3-11 根据轴测图及所给的尺寸，画出组合体的三面投影图并标注尺寸（比例自定）。

1.

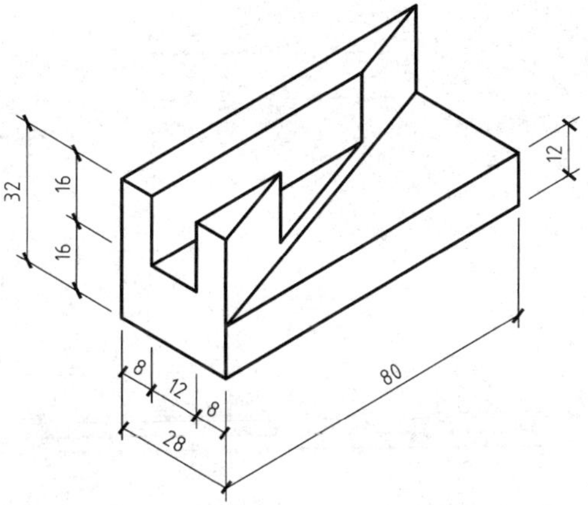

2.

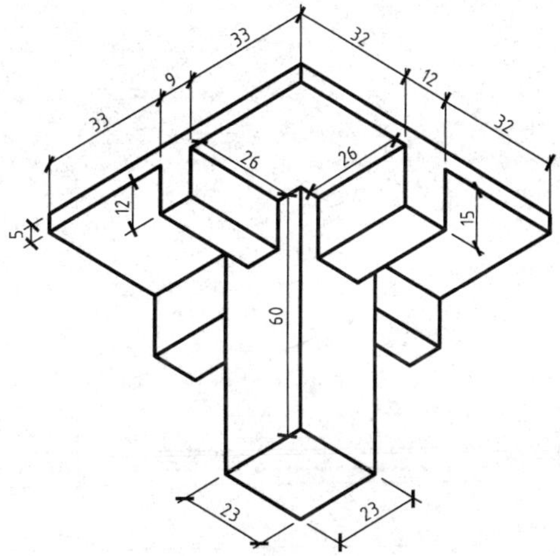

3-12 标注下列形体的尺寸（尺寸数值按 1∶1 由图中量取，取整数）。

1.

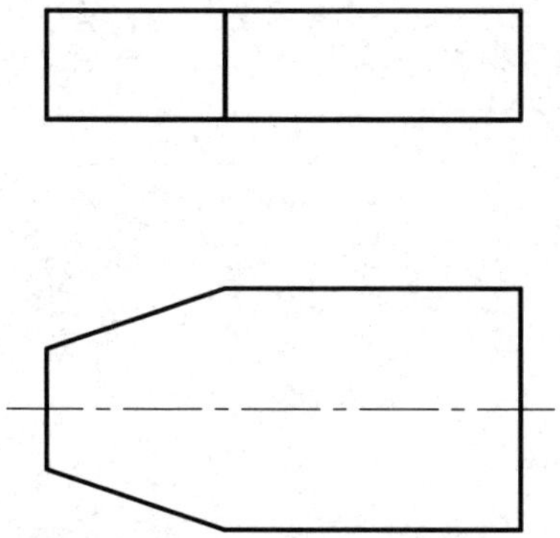

2.

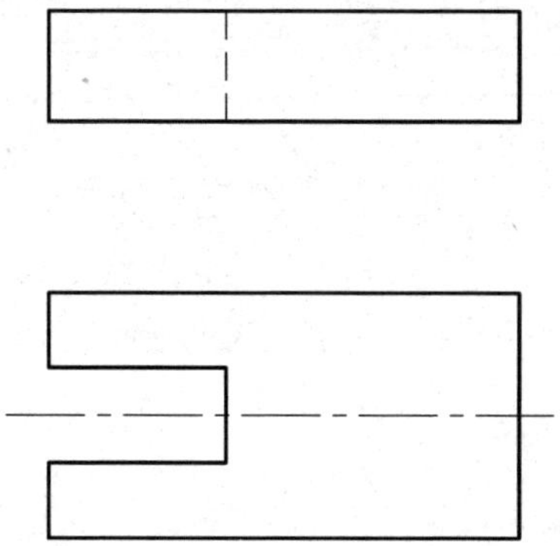

3.

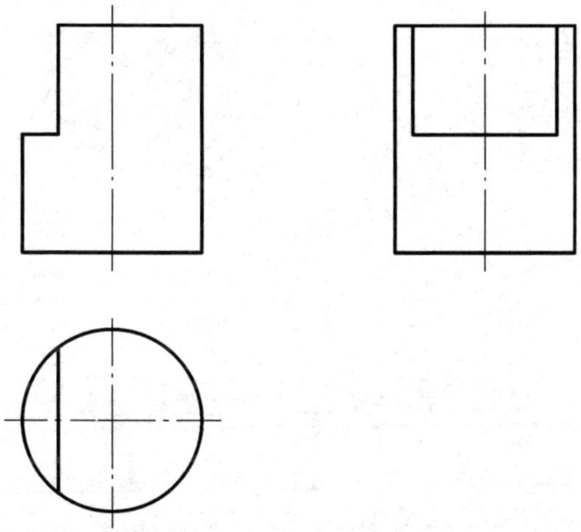

4.

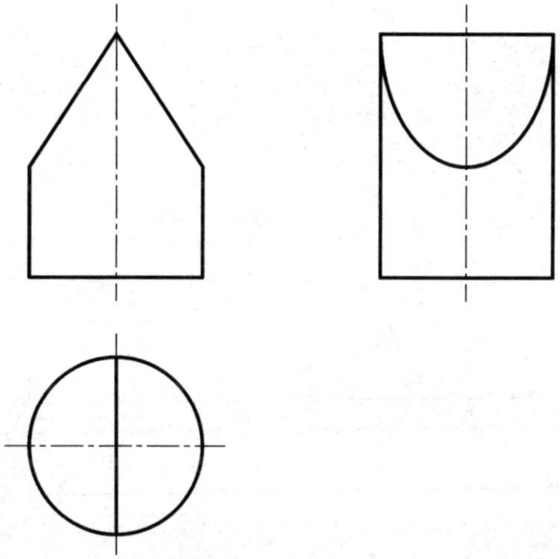

请学生沿此线撕下

3-13 标注下列形体的尺寸（尺寸数值按 1∶1 由图中量取，取整数）。

1.

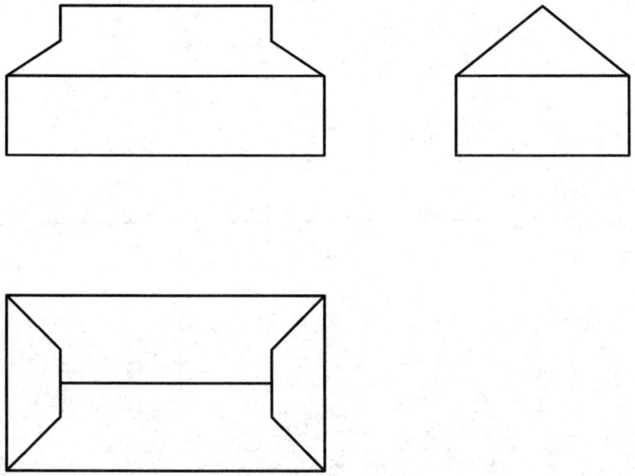

2.

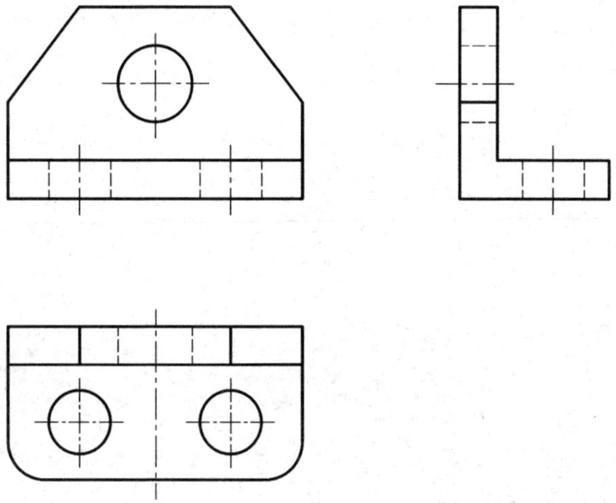

请学生沿此线撕下

第三章 体的投影 | 班级 | 学号 | 姓名

3-14 根据组合体的正、侧面图，补画组合体的平面图（作出四种不同的解答）。

1.

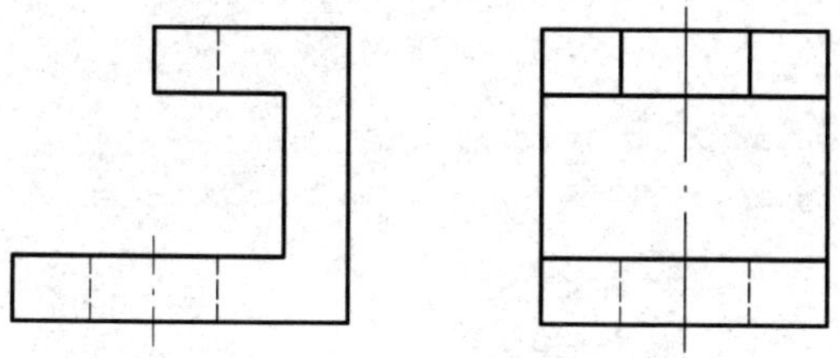

2.

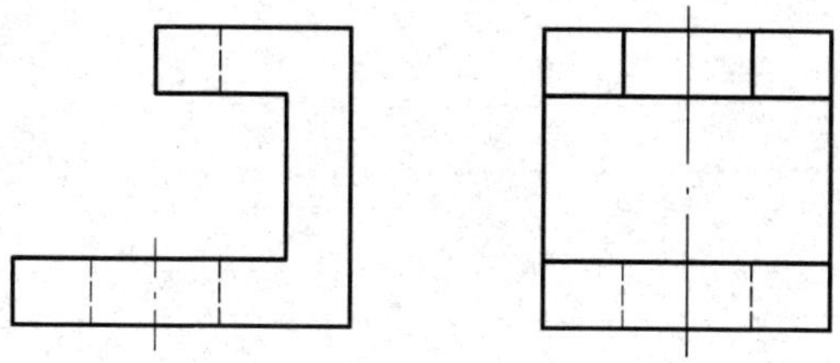

3.

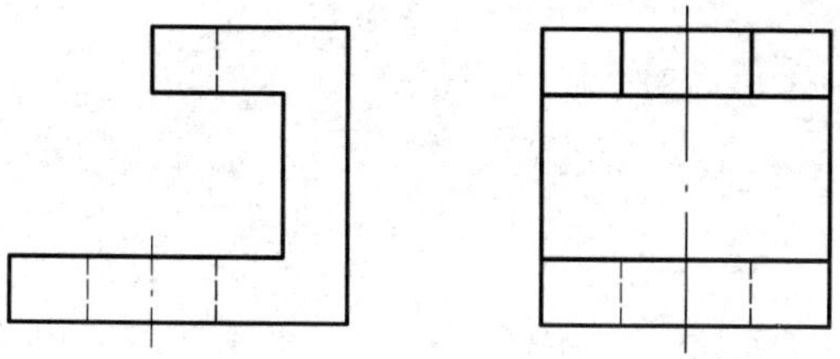

4.

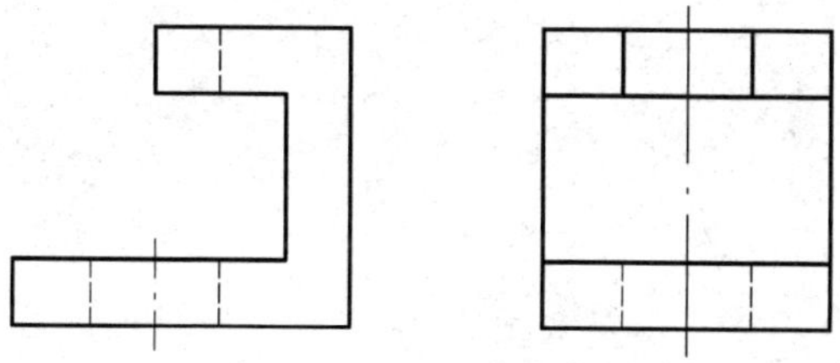

班级		学号		姓名	

请学生沿此线撕下

3-15 根据组合体的正、平面图，补画组合体的侧面图。

1.

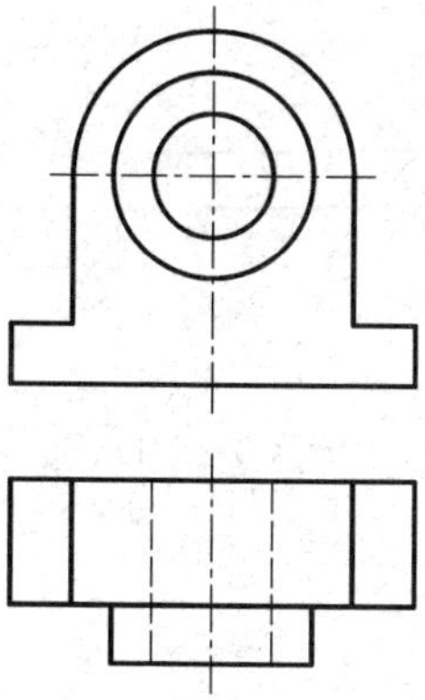

2.

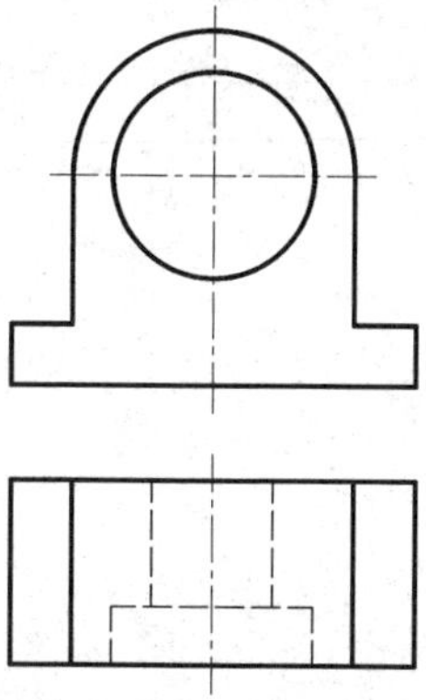

3.

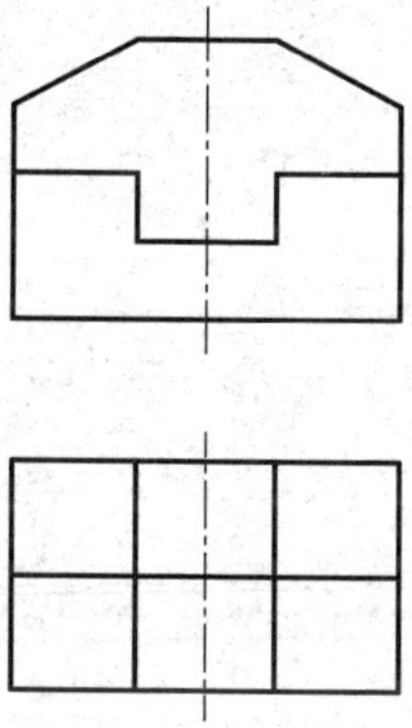

4.

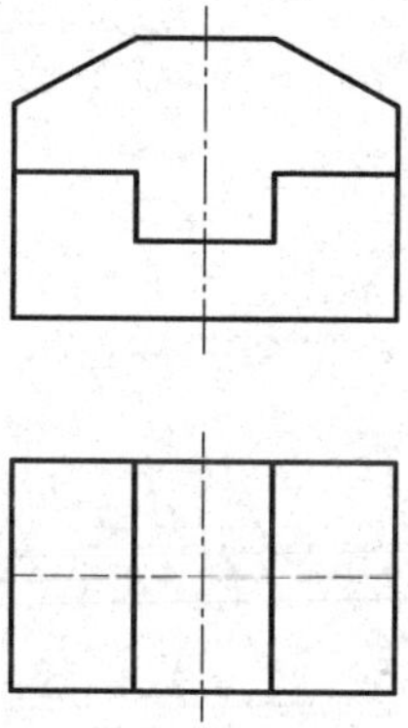

第三章 体的投影		班级	学号	姓名

3-16 补画正面图中所缺的线。

1.

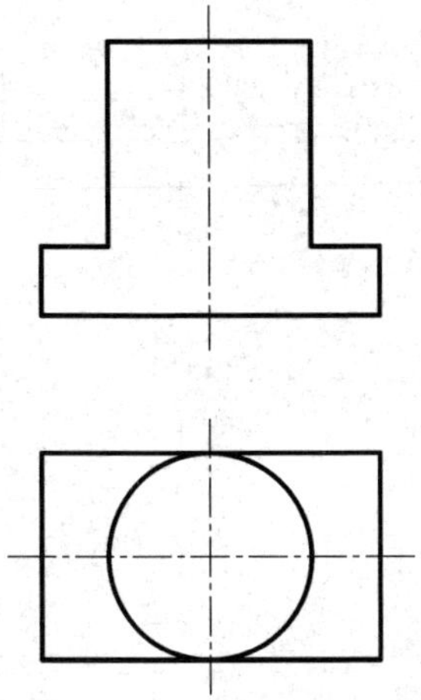

2.

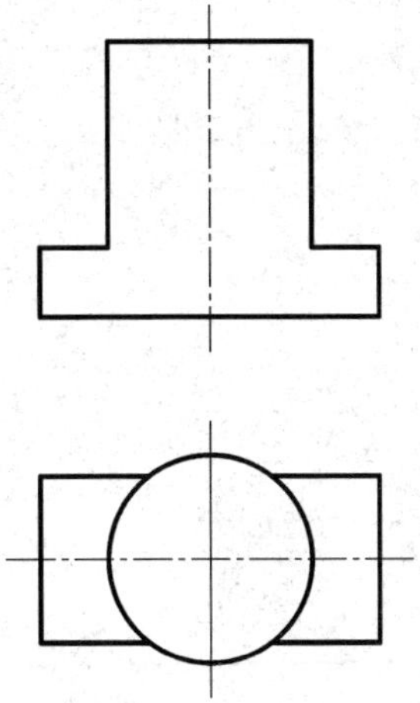

3.

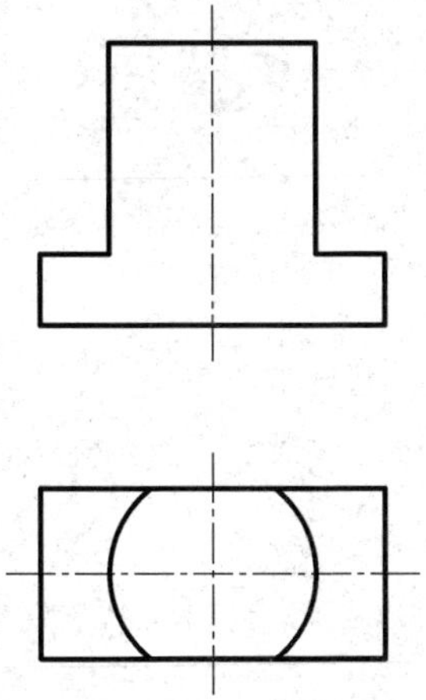

4.

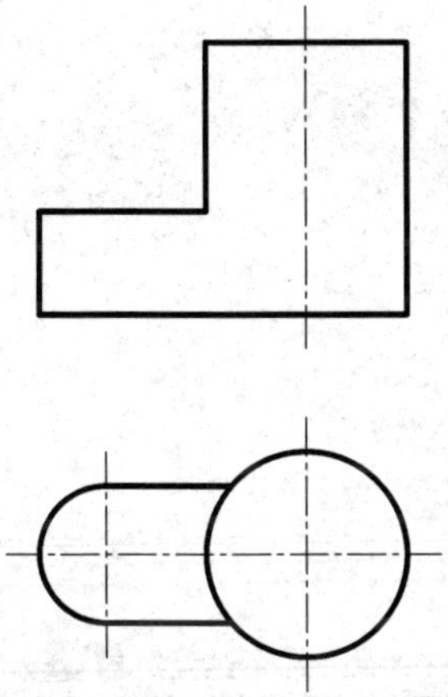

5.

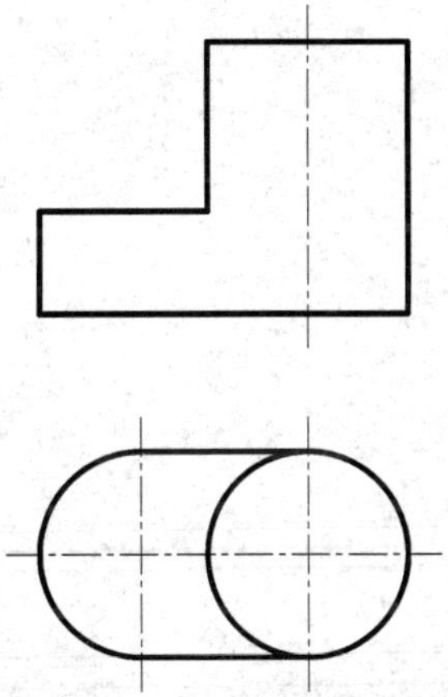

6.

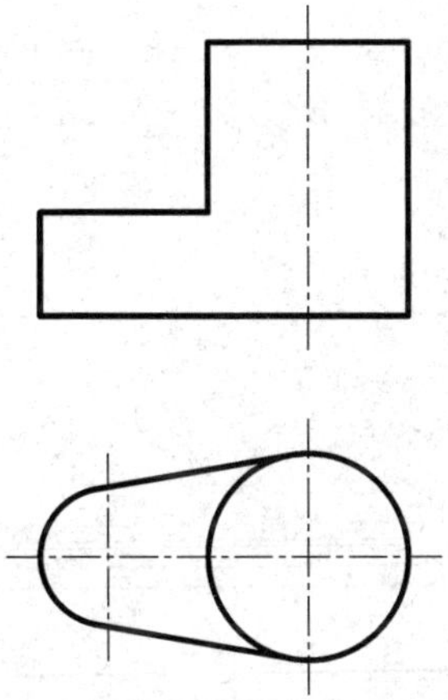

第三章 体的投影		班级		学号		姓名	

请学生沿此线撕下

3-17 补画组合体投影图中所缺的线。

1. 补画平面图和左侧面图上所缺的线。

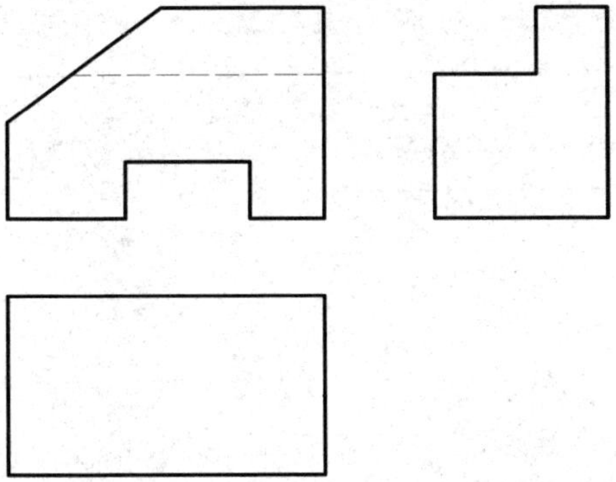

2. 补画正面图和平面图上所缺的线。

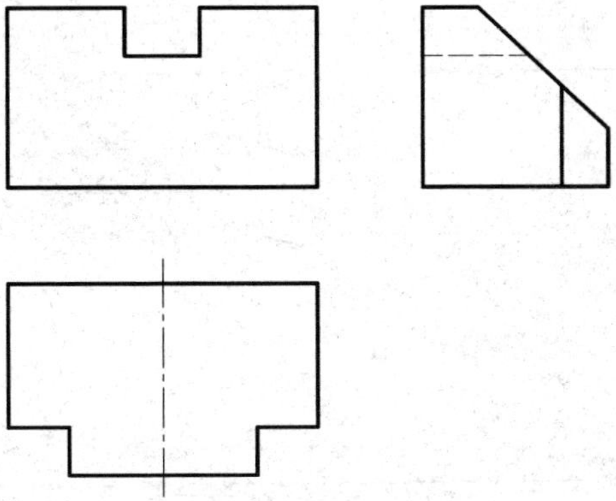

3. 补画正面图和平面图上所缺的线。

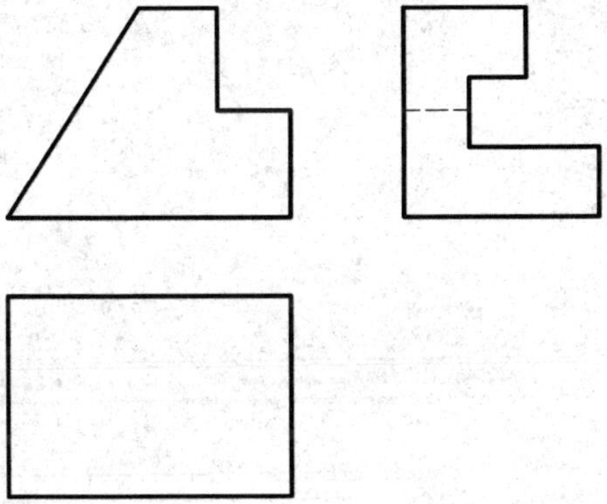

4. 补画正面图和左侧面图上所缺的线，并标出 P、Q 面的其余两投影。

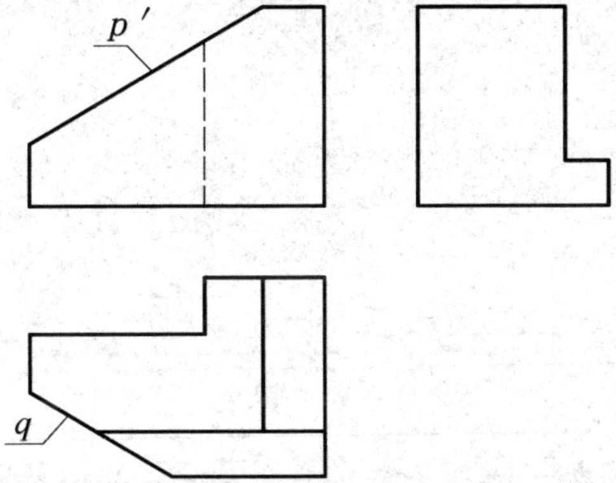

第三章 体的投影		班级		学号		姓名	

请学生沿此线撕下

3-18 已知组合体的两面投影，补画其第三面投影。

1.

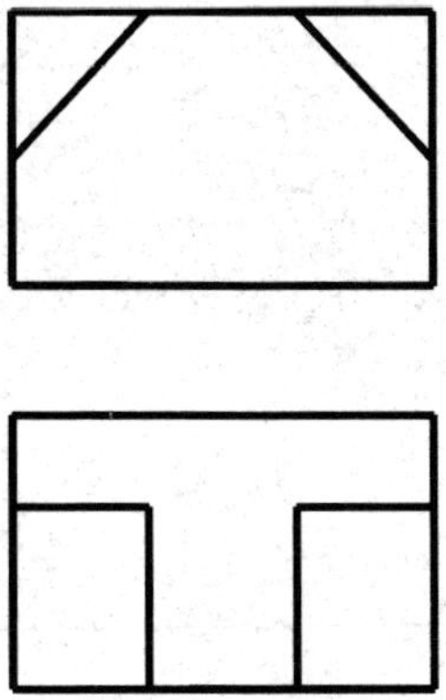

2.

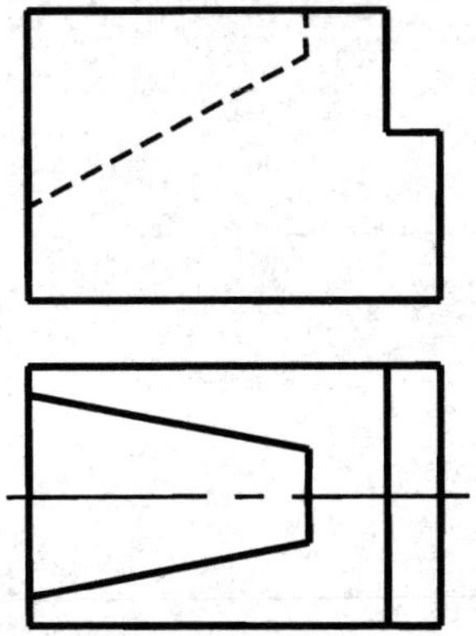

3.

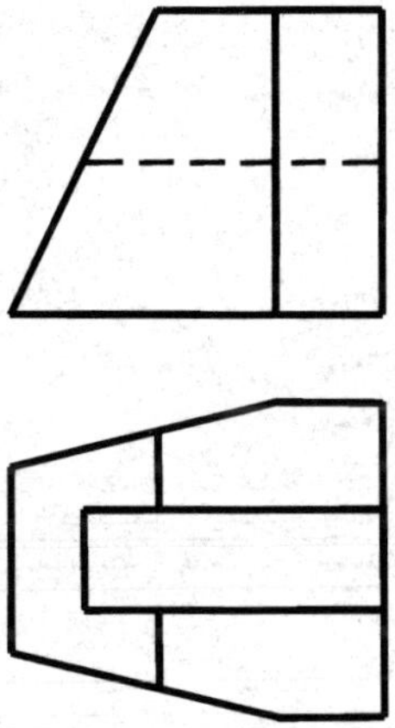

4.

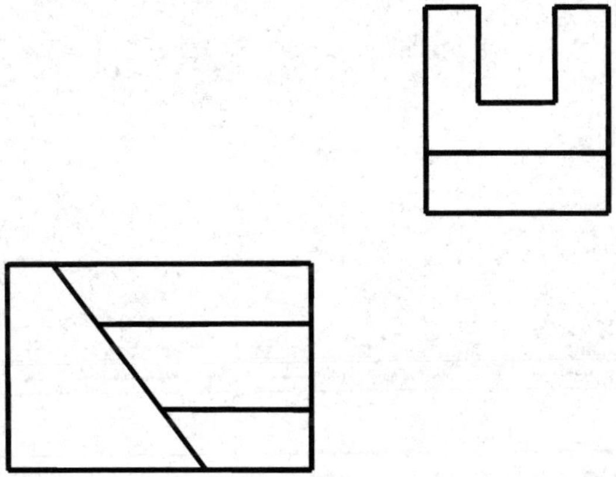

第三章　体的投影		班级		学号		姓名	

3-19 已知组合体的两面投影，补画其第三面投影。

1.

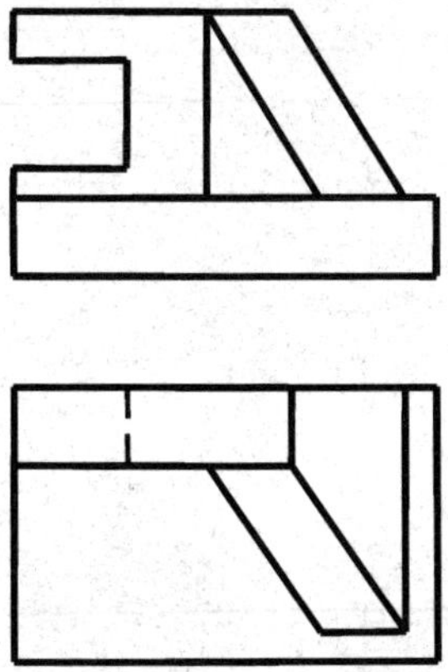

2.

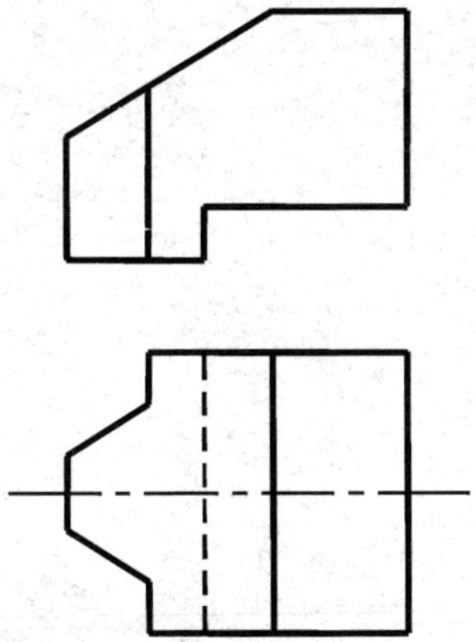

3.

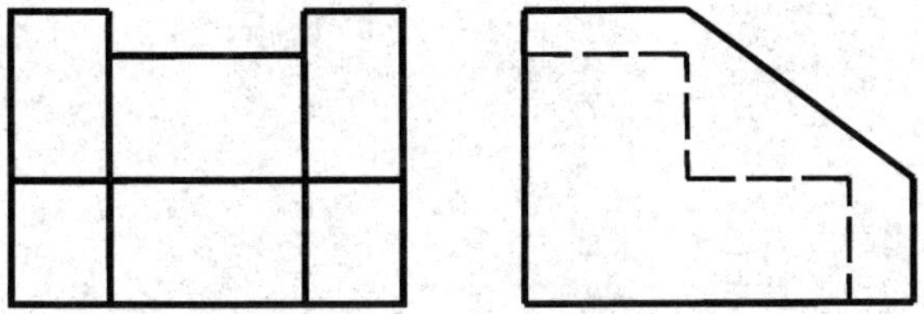

4.

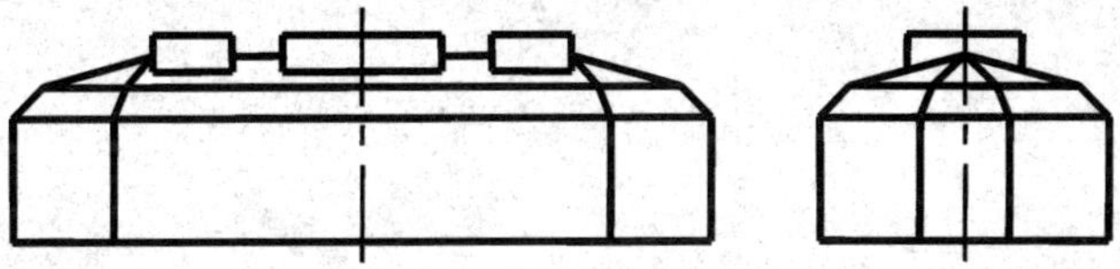

请学生沿此线撕下

班级		学号		姓名	

请学生沿此线撕下

3-20 已知组合体的两面投影，补画其第三面投影。

1.

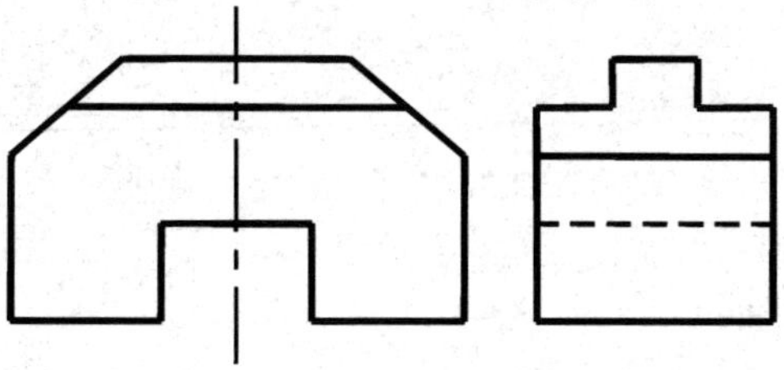

2.

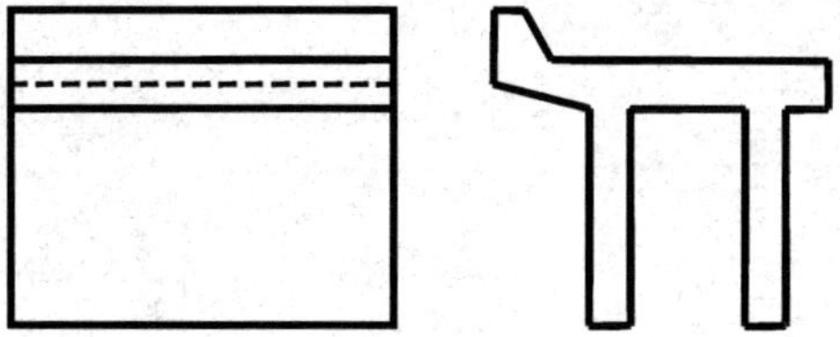

3.

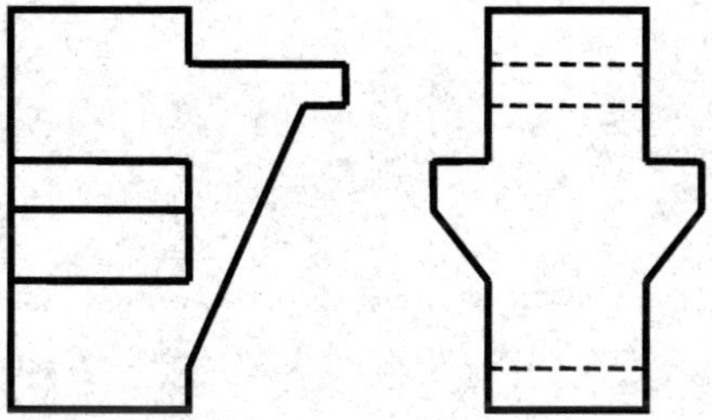

4.

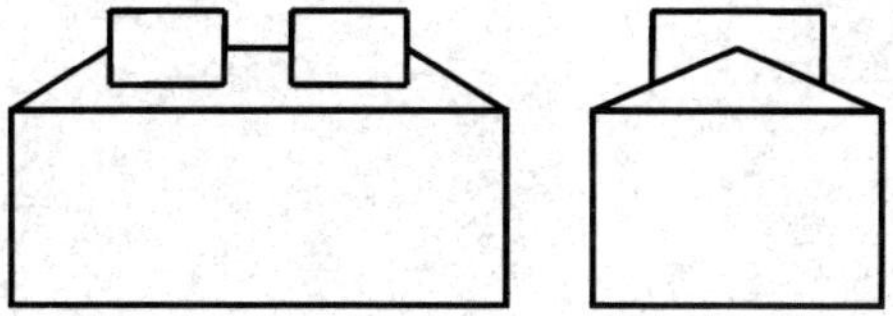

班级		学号		姓名	

请学生沿此线撕下

3-21 已知组合体的两面投影，补画其第三面投影。

1.

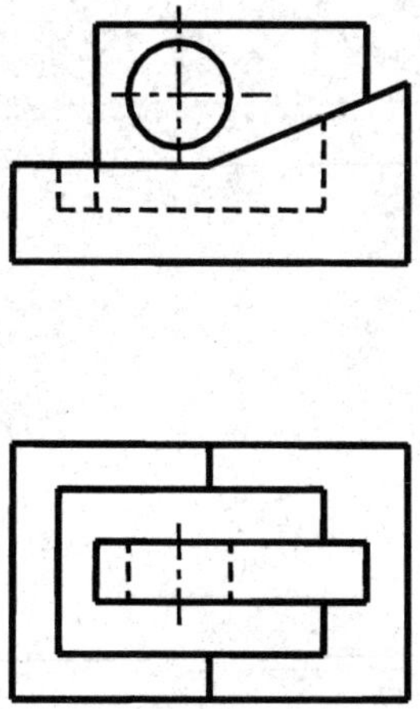

2.

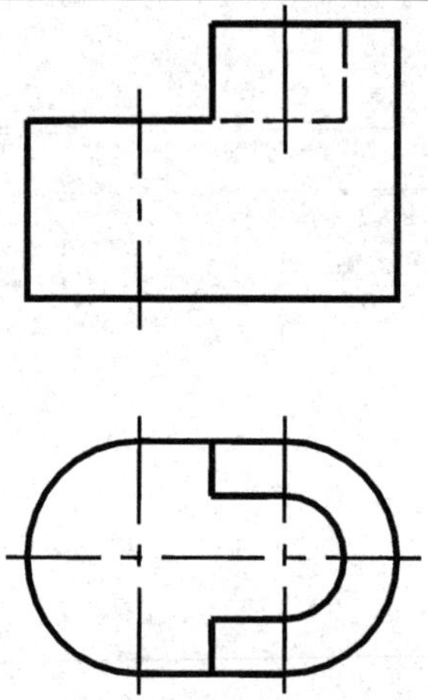

3.

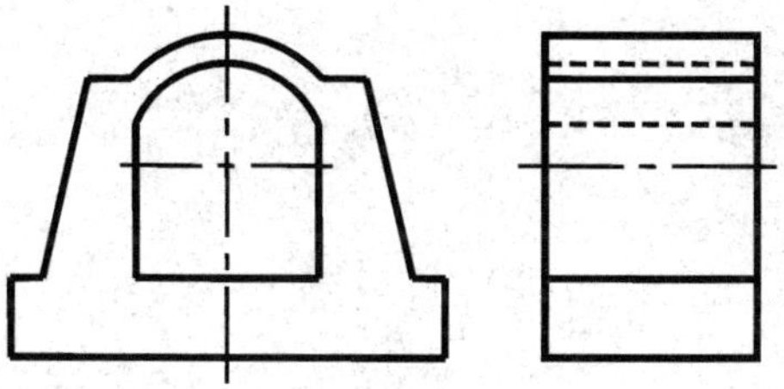

4.

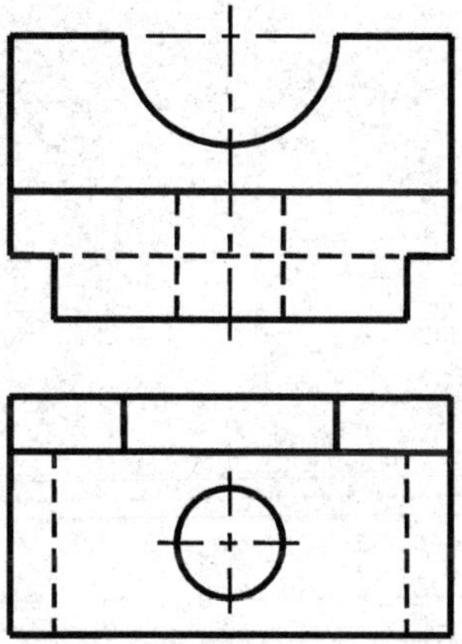

第三章 体的投影 | 班级 | 学号 | 姓名

请学生沿此线撕下

4-1 画出形体的正等测图。

1.

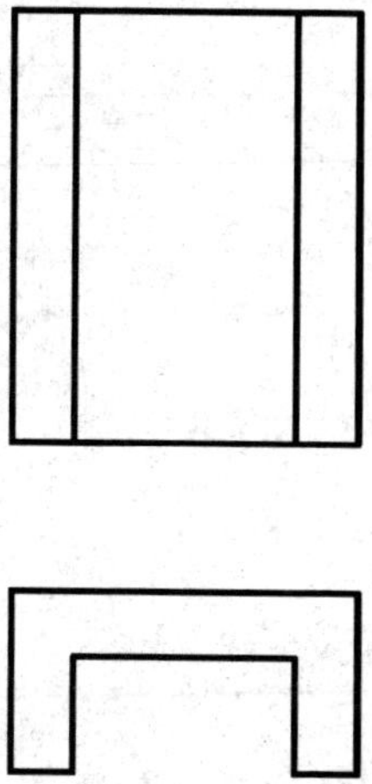

2.

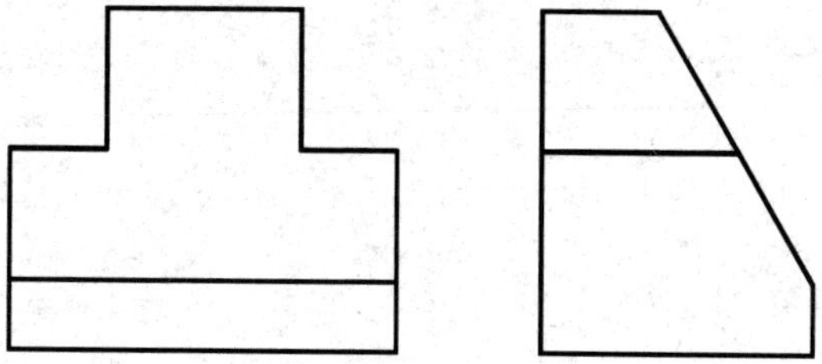

第四章　轴测投影图

班级		学号		姓名	

请学生沿此线撕下

4-2　画出形体的正等测图。

1.

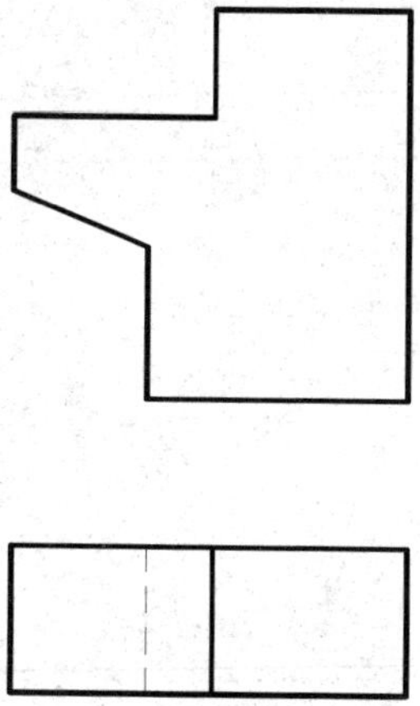

2.

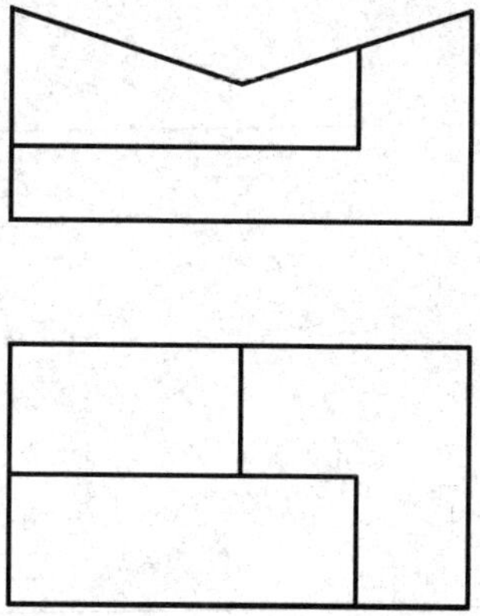

第四章　轴测投影图

班级		学号		姓名	

请学生沿此线撕下

4-3 画出形体的正等测图。

1.

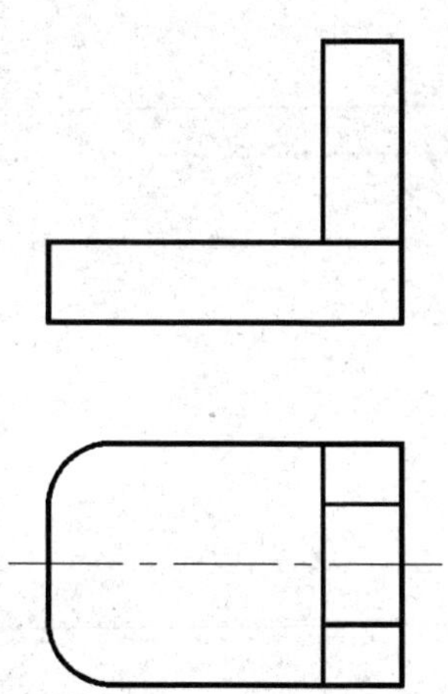

2.

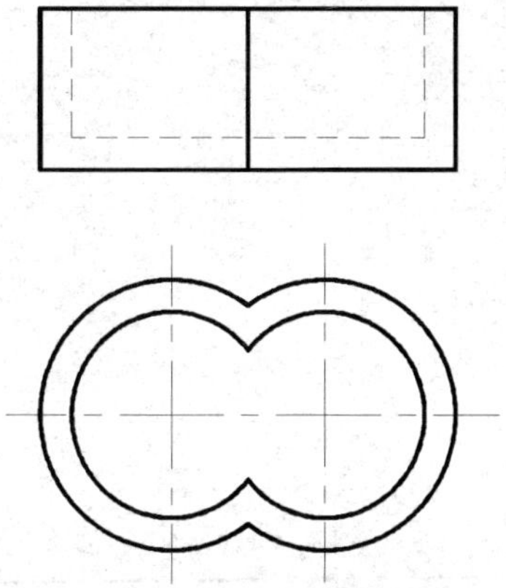

第四章 轴测投影图

班级		学号		姓名	

4-4　画形体的（正面）斜等测图。

1.

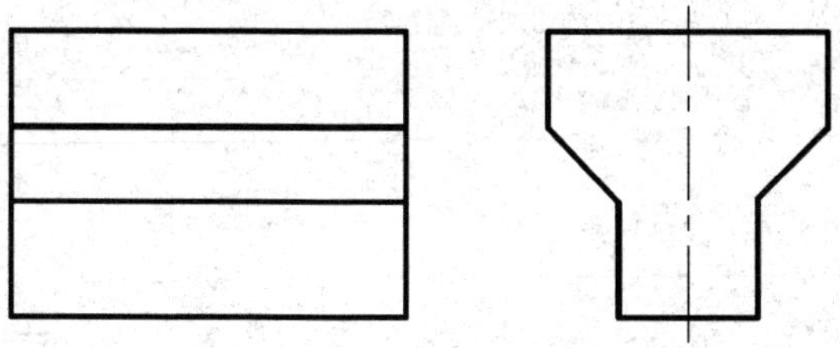

2.

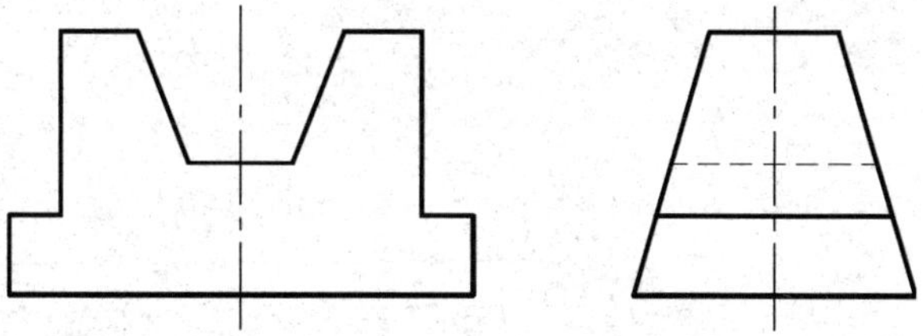

第四章　轴测投影图

班级		学号		姓名	

请学生沿此线撕下

4-5 画形体的（正面）斜等测图。

1.

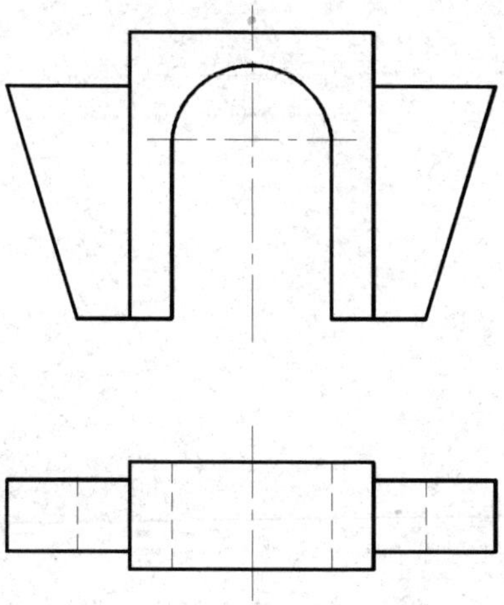

2.

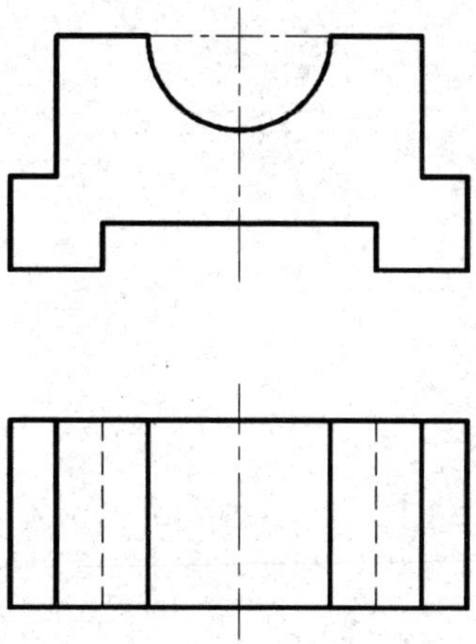

第四章 轴测投影图

班级		学号		姓名	

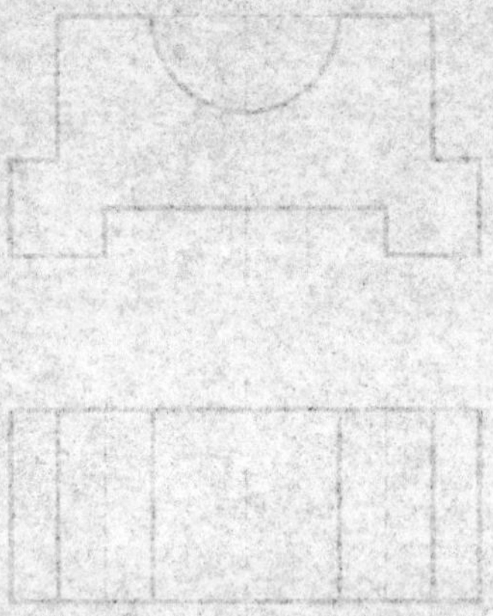

请学生沿此线撕下

4-6 画形体的(正面)斜二测图。

1.

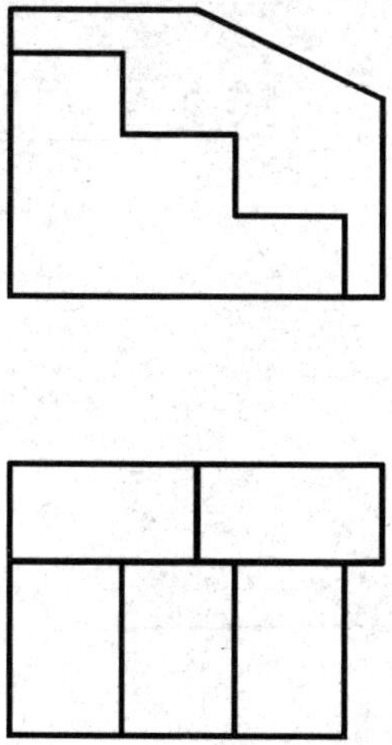

2.

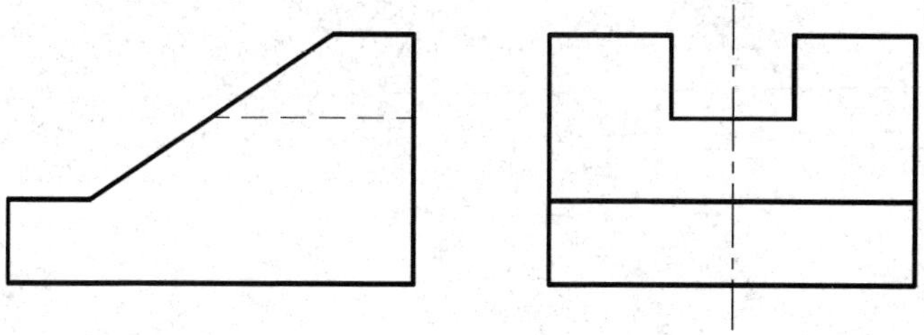

第四章 轴测投影图

第四章 轴测投影图		班级		学号		姓名

请学生沿此线撕下

4-7 画形体的(正面)斜二测图。

1.

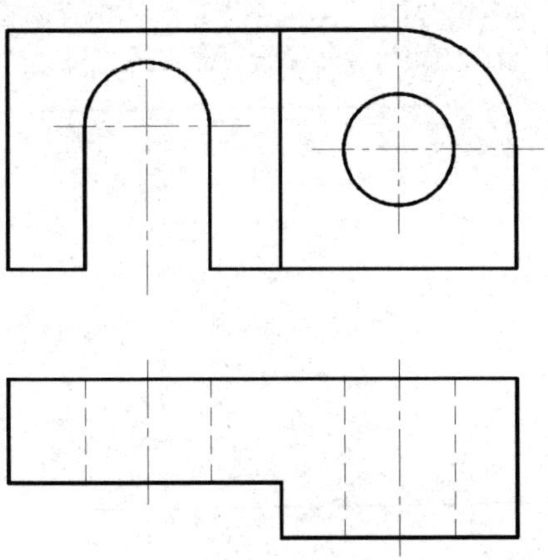

2.

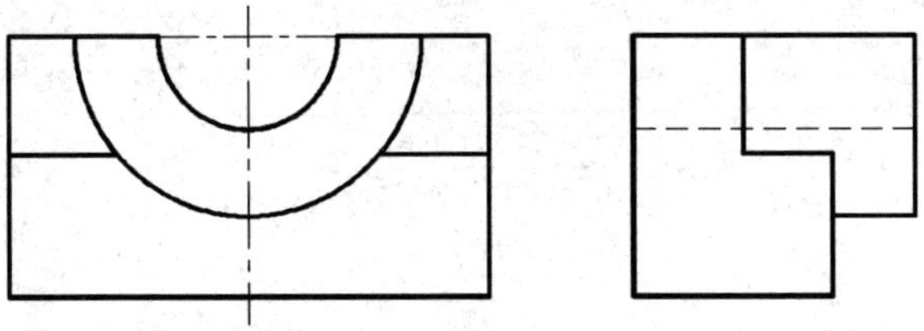

第四章　轴测投影图		班级		学号		姓名	

请学生沿此线撕下

4-8 画形体的水平斜轴测图。

1.

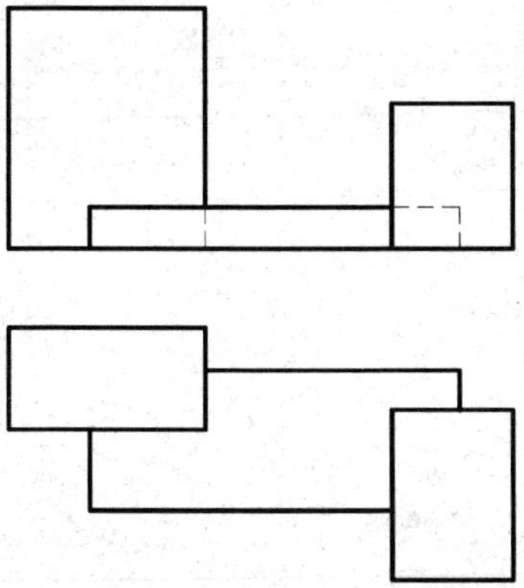

2.

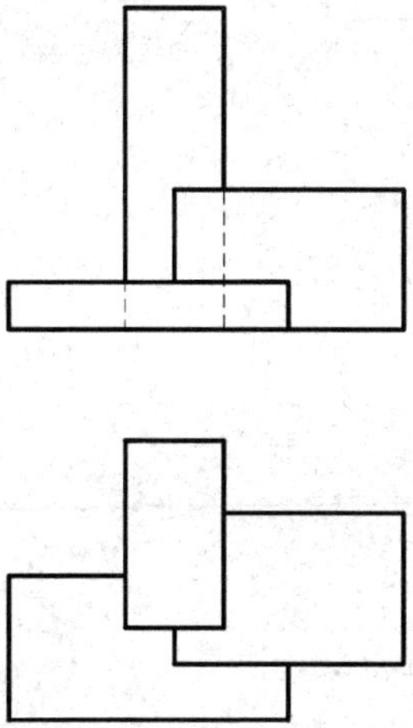

第四章　轴测投影图 | 班级 | 学号 | 姓名

请学生沿此线撕下

4-9 画形体的水平斜轴测图。

1.

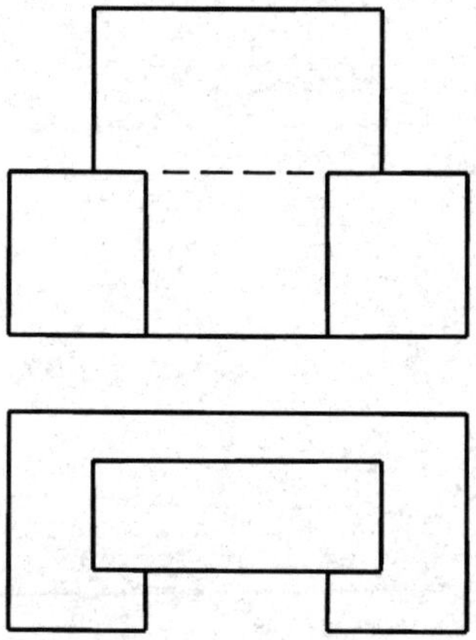

2.

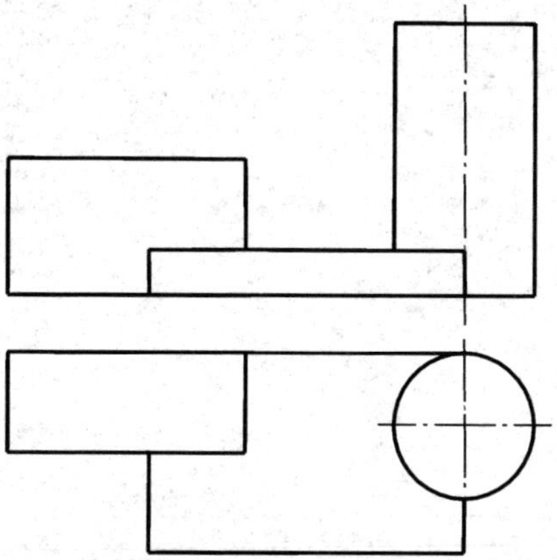

第四章 轴测投影图

班级		学号		姓名	

4-10 绘制建筑形体的轴测图。

1. 目的

1)了解轴测投影的形成、种类和基本性质。

2)掌握轴测投影图的基本画法。

2. 要求

1)读懂形体的三面投影图。

2)尺寸照图量取,比例自定,铅笔描深。

3. 作业内容

绘制右图中所示的:

(1)休息亭的正等轴测图;(2)房屋的正面斜等轴测图。

4. 作业指导

1)图纸:A3 幅面绘图纸(横放)。

2)铅笔:准备 2H、HB、B 三种型号的铅笔,打底稿用 2H,描深用 HB 或 B,写字用 HB。

3) 图线:建议图线的基本线宽(即粗实线的线宽)b 用 0.7mm 或 0.5mm,其余各类线形的线宽应符合线宽组规定,同类图线同样粗细,不同图线应粗细分明。

4)字体:汉字用仿宋体,字母、数字用标准字体书写。建议标题栏中的图名、校名用 7 号字;其余文字用 5 号字。

5. 绘图步骤

1)先在三视图中确定出坐标原点的位置及坐标轴。

2)绘制轴测投影轴。

3)根据轴测投影的基本性质,运用坐标法,结合叠加、挖切法依次作出各个组成部分的轴测图。

4)检查无误后描深图线(虚线可省略不画)。

5)填写标题栏中的图名、校名、比例等内容。

(1) 作休息亭的正等测图。

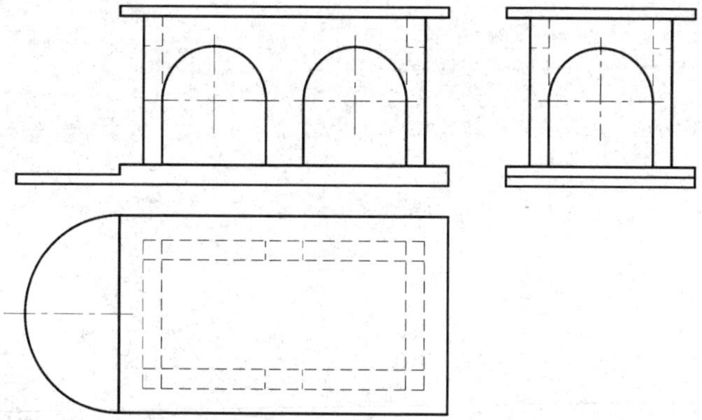

(2) 作房屋的正面斜等测图。

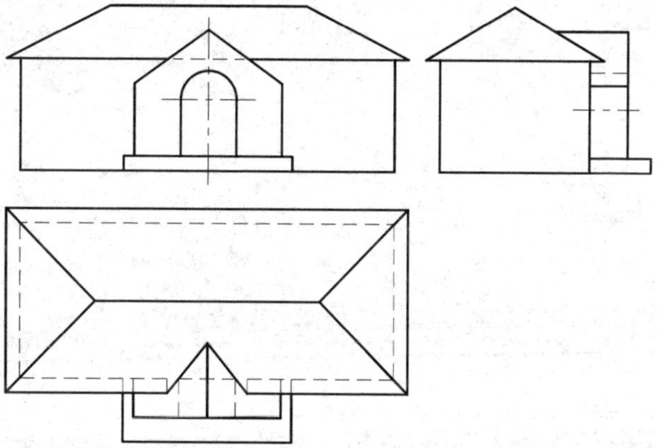

5-1 已知形体的正立面图、平面图与左立侧面图，补画出形体的其他三个基本视图。

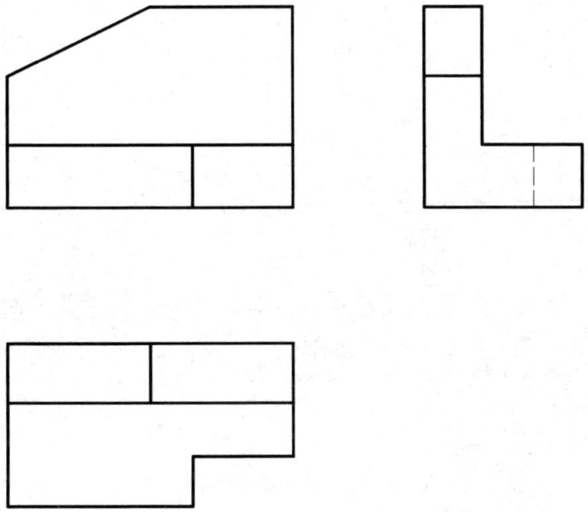

第五章 工程形体的表达方法

第五章 工程形体的表达方法		班级		学号		姓名	

请学生沿此线撕下

请学生沿此线撕下

5-2 补全剖面图中所漏的线（多余的线上打“×”）。

1.

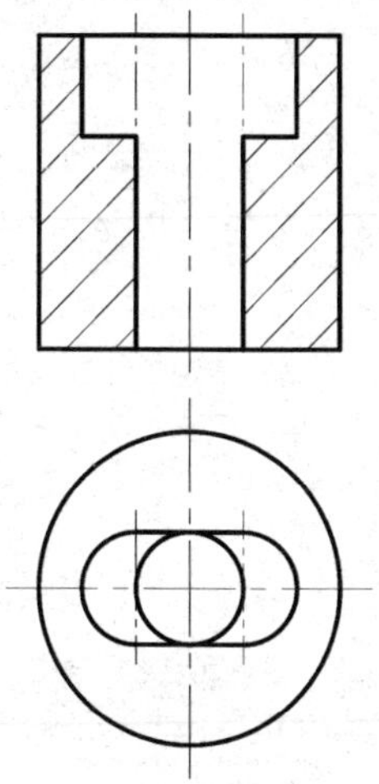

2.

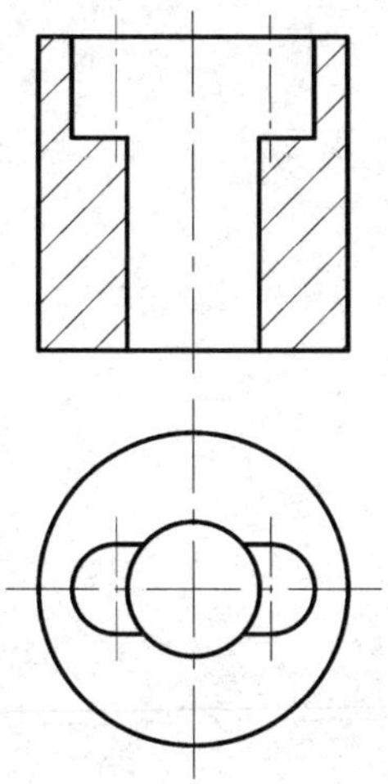

3.

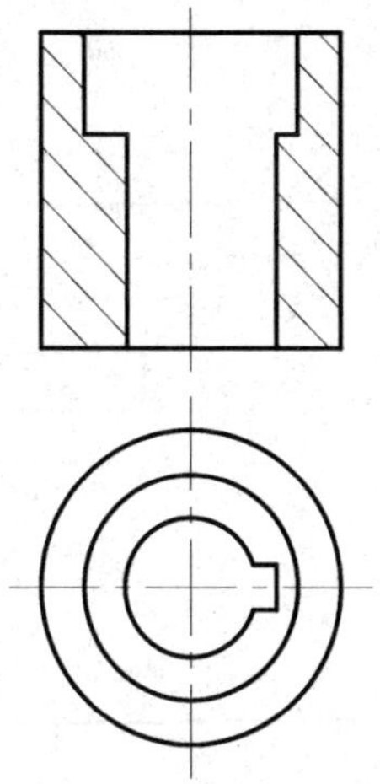

4.

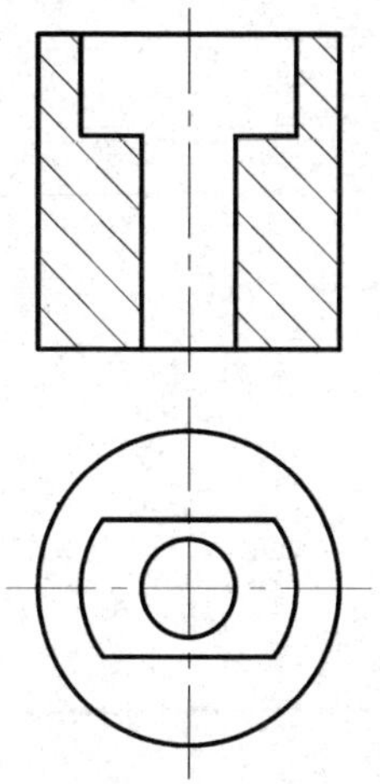

5.

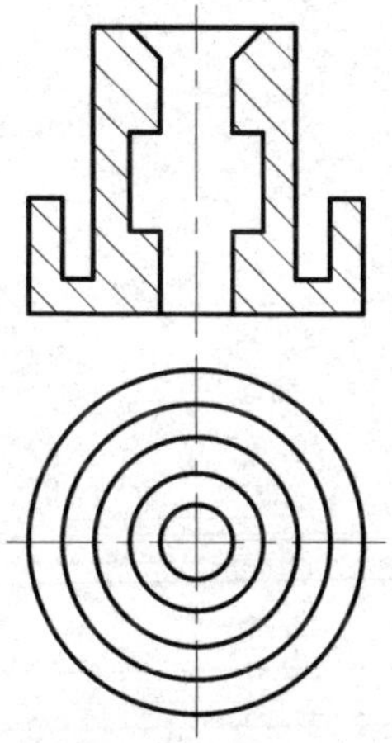

6.

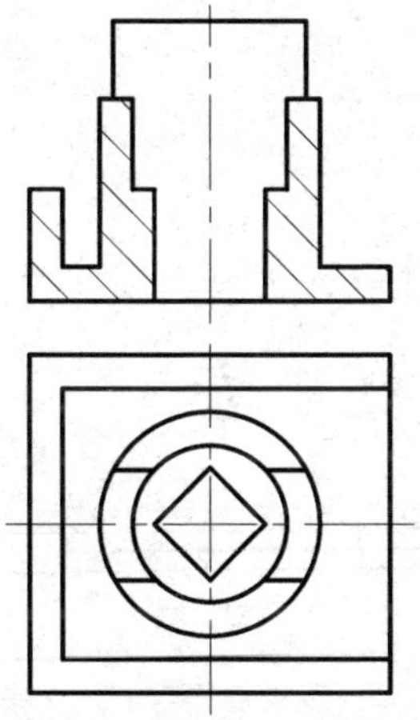

7.

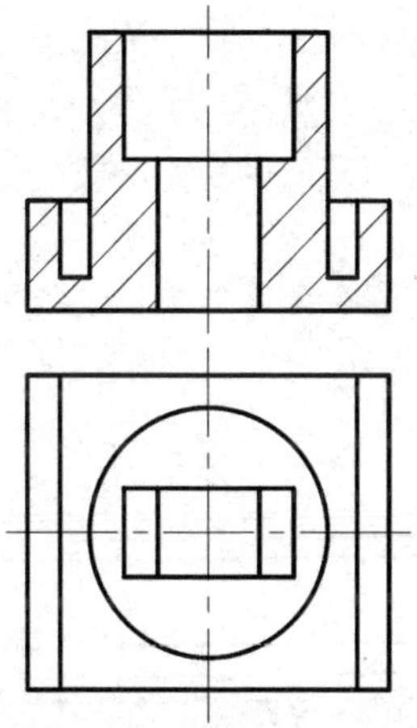

8.

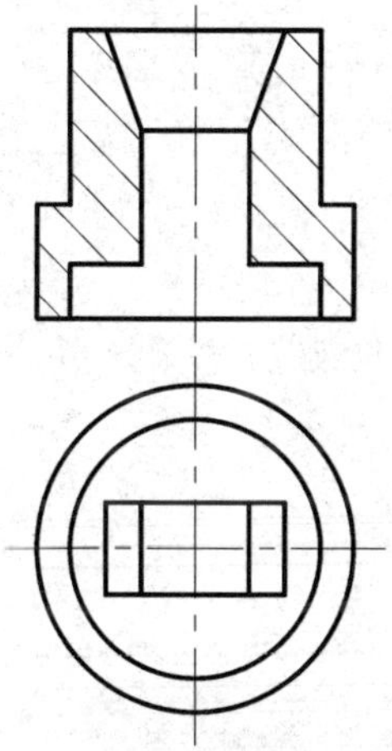

第五章 工程形体的表达方法		班级		学号		姓名	

请学生沿此线撕下

5-3 作出形体的 1-1、2-2 剖面图。

1.

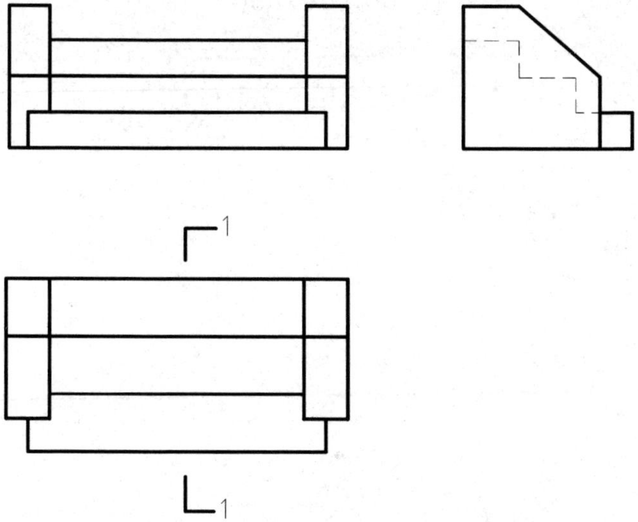

2.

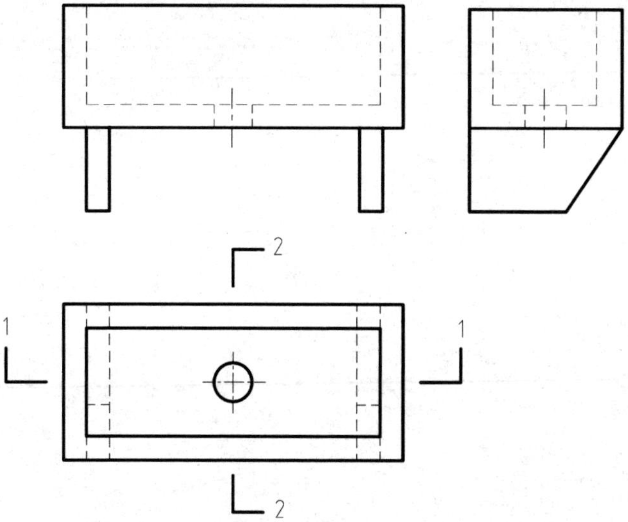

	班级		学号		姓名	

请学生沿此线撕下

5-4 按指定的剖切位置作形体的 1-1 剖面图。

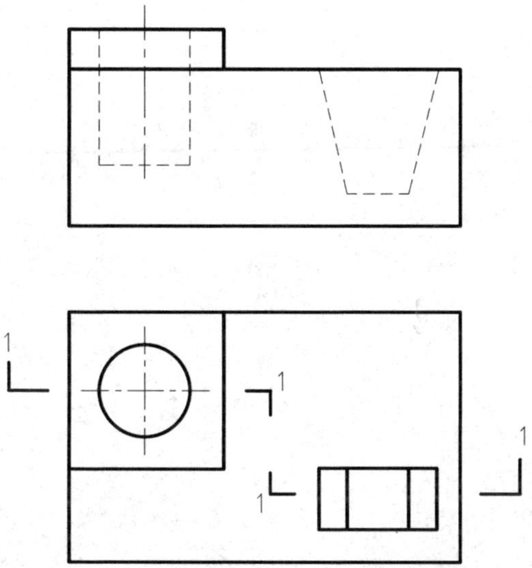

5-5 补画出侧面图（将侧面图画成半剖面图）（材料：钢筋混凝土）。

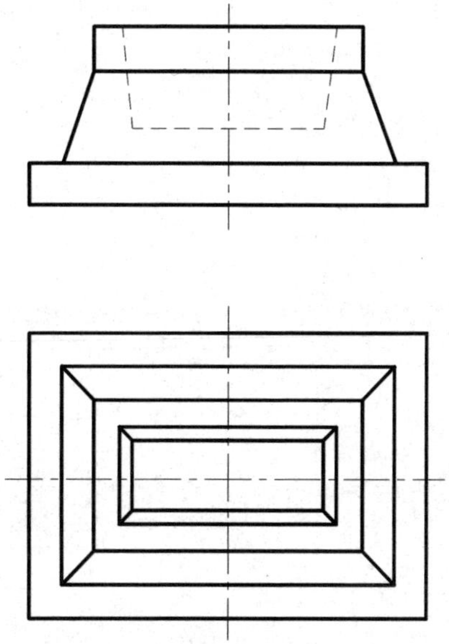

第五章 工程形体的表达方法		班级		学号		姓名

请学生沿此线撕下

5-6 将正、侧立面图作成适当的剖面图。

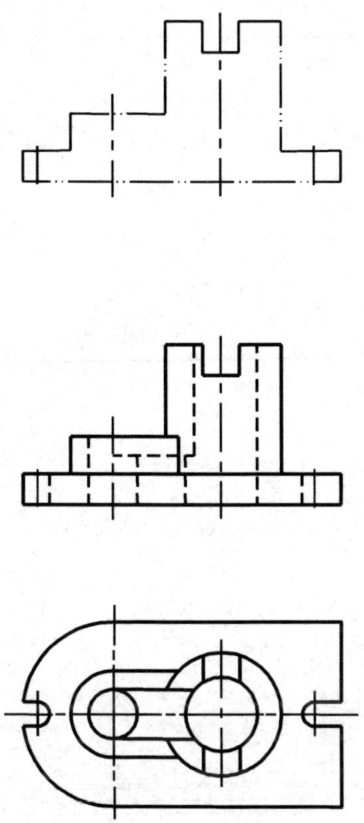

5-7 根据给出的投影图，作出1-1剖面图。

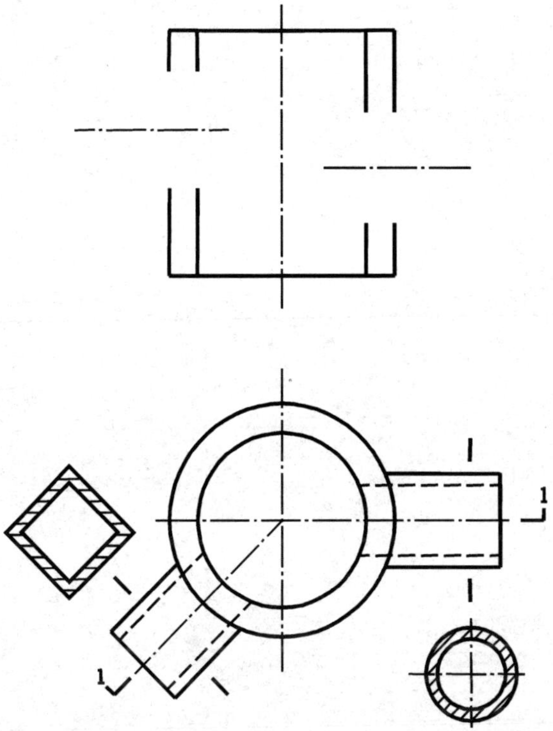

第五章 工程形体的表达方法		班级		学号		姓名	

请学生沿此线撕下

5-8　补画出平面图(将平面图画成局部剖面图)(材料：混凝土)。

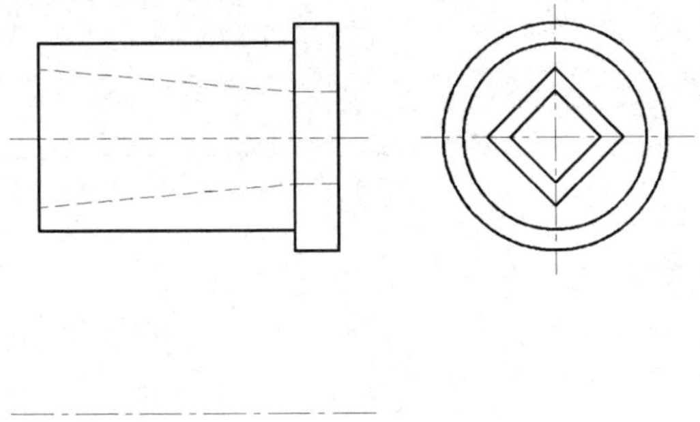

5-9　补画出平面图(将平面图画成局部剖面图)(材料：金属)。

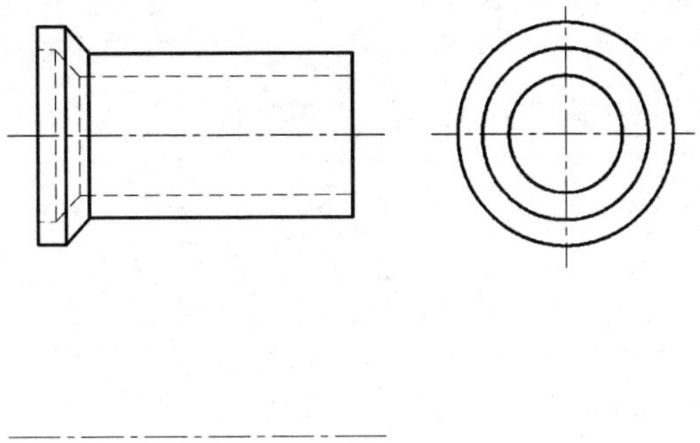

5-10　指出局部剖面图中的错误，将正确的画在右边。

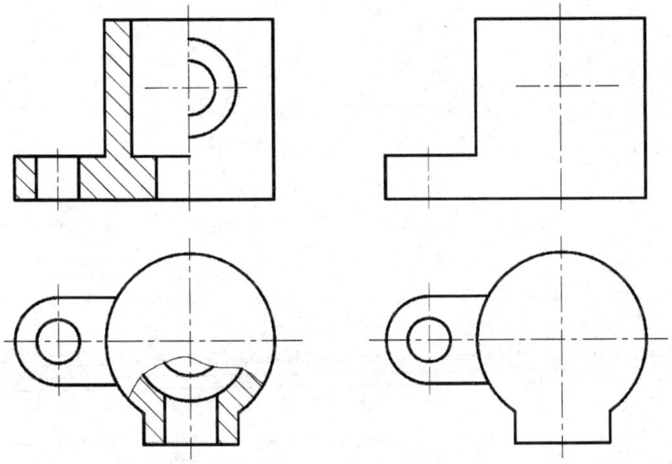

5-11　将正面图和平面图改画成适当的局部剖面图(画在右边）。

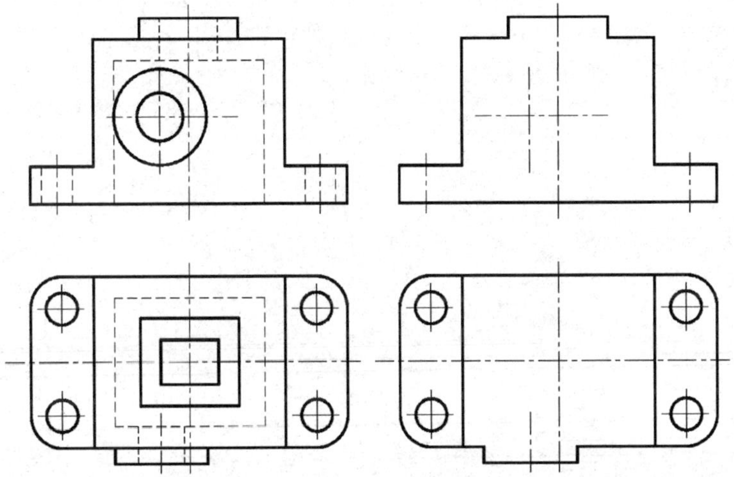

第五章　工程形体的表达方法	班级	学号	姓名

请学生沿此线撕下

5-12 作出指定位置的剖面图。

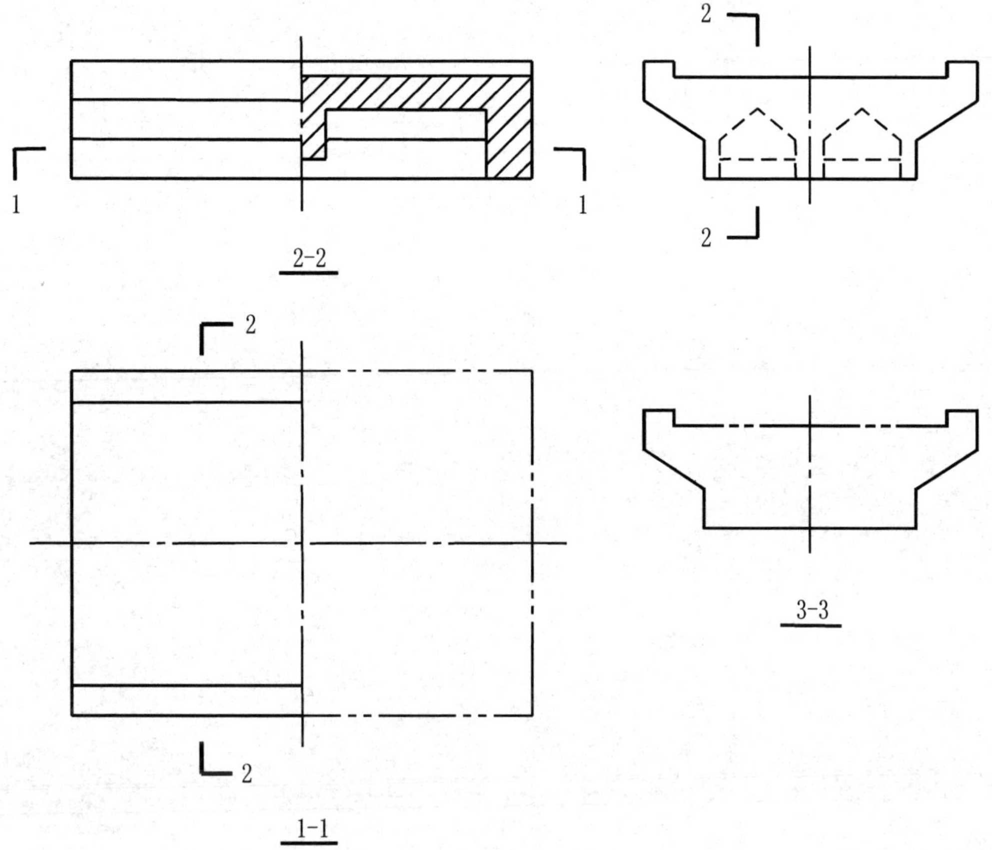

第五章 工程形体的表达方法

班级		学号		姓名	

请学生沿此线撕下

5-13 作出指定位置的剖面图与断面图。

1.

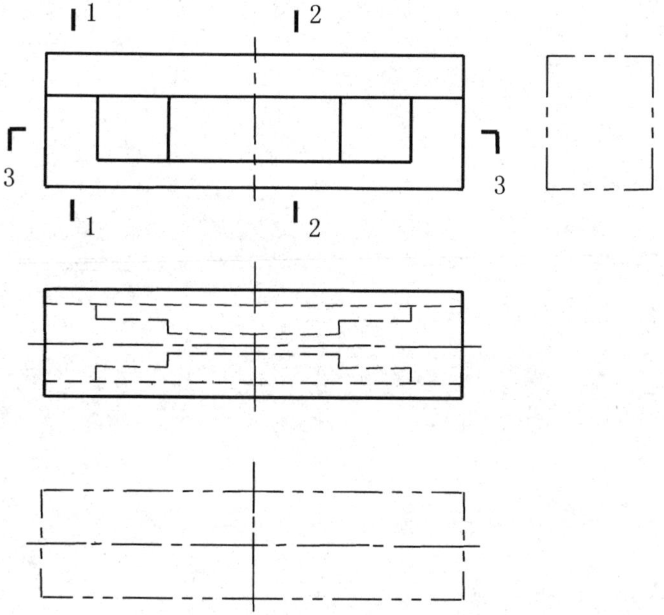

2.

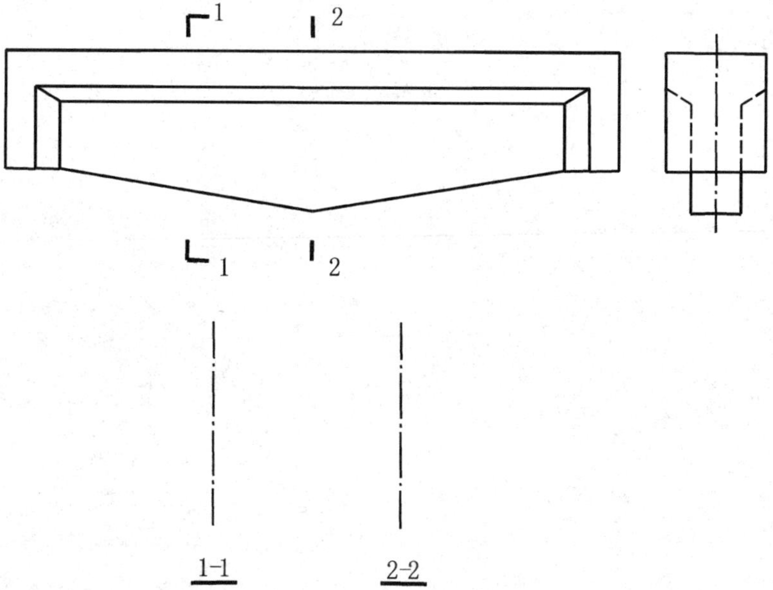

第五章 工程形体的表达方法

班级		学号		姓名	

请学生沿此线撕下

5-14 作形体的1-1～3-3断面图（材料：钢筋混凝土）。

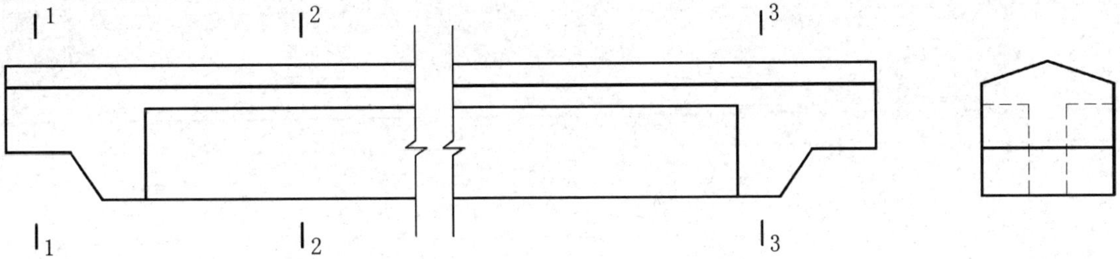

5-15 作出水栓的1-1断面图（材料：金属）。

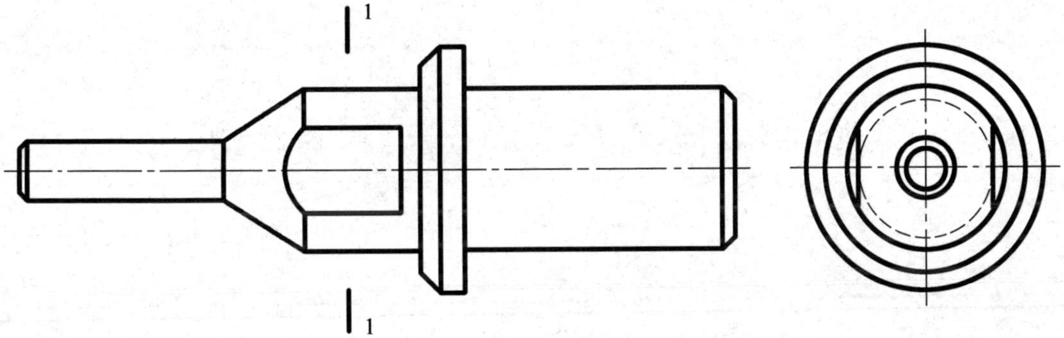

第五章 工程形体的表达方法		班级		学号		姓名	

5-16 作出柱子的1-1～3-3断面图（材料：钢筋混凝土）。

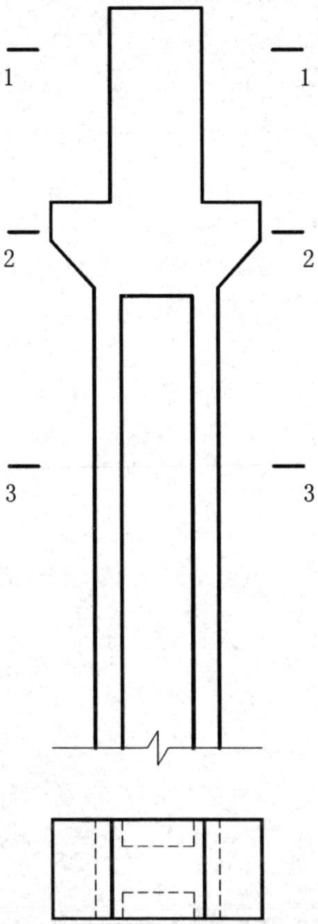

5-17 在正面图中画出 1-1 重合断面图。

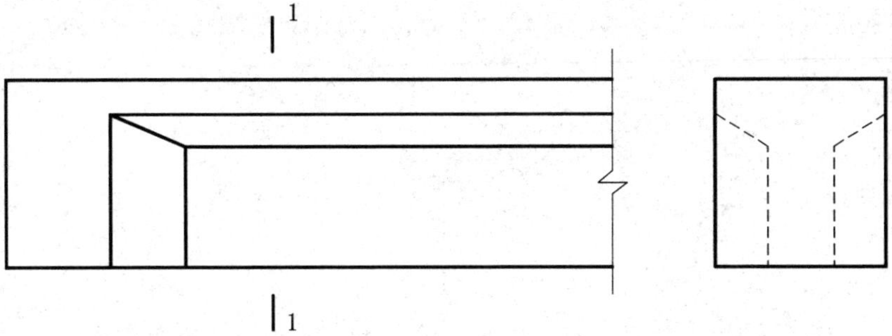

5-18 将 1-1 剖面图中的装饰部分用重合断面表示在正立面图中。

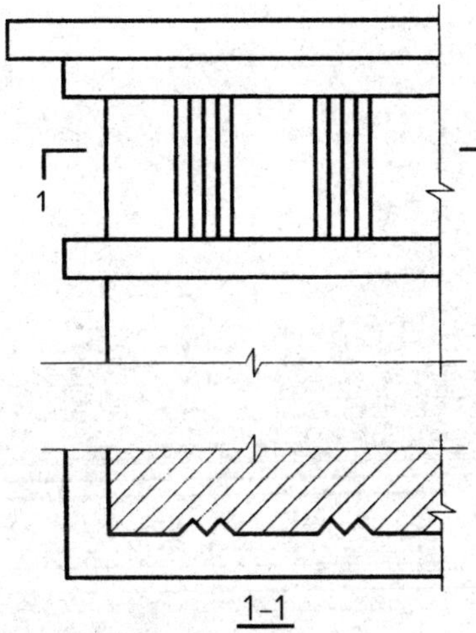

第五章 工程形体的表达方法

第五章 工程形体的表达方法		班级		学号		姓名

请学生沿此线撕下

5-19 根据给出的两面投影，画出在适当位置剖切的三面投影图并标注尺寸（画在A3绘图纸上，材料和比例自定）。

1.

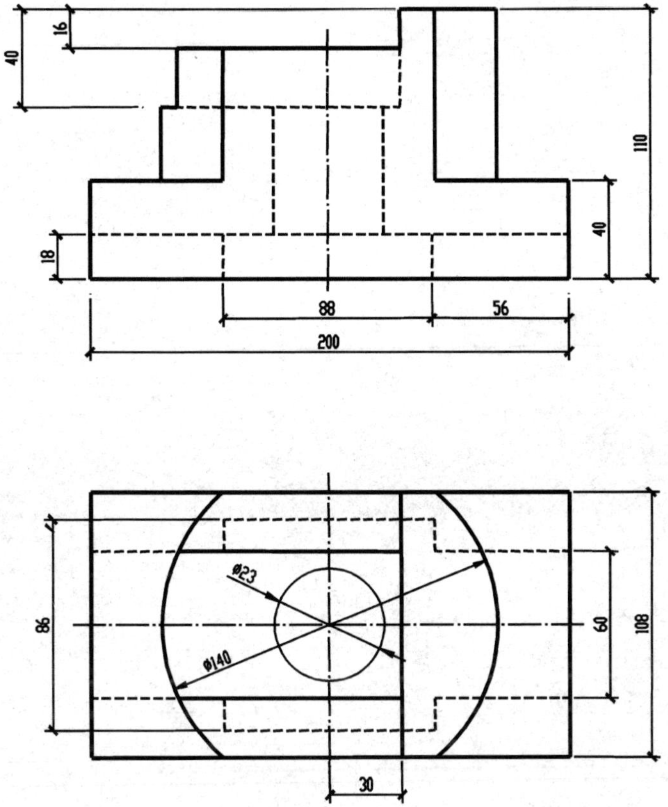

2.

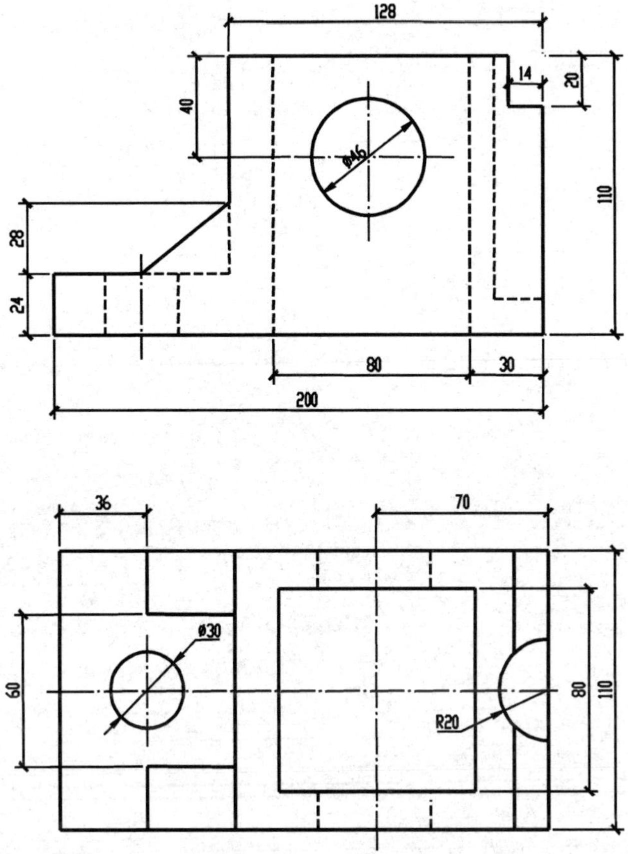

第五章 工程形体的表达方法		班级		学号		姓名	

6-1　路线工程图主要包括：________、________和________。

6-2　路线平面图的作用是表达路线的________、________、________以及沿线两侧一定范围内的________和________情况。

6-3　路线纵断面图是表达路线中心________、________、________、________以及沿线设置构筑物概况的工程图。

6-4　路基横断面图是在路线中心桩处作一________路线中心线的断面图，其基本形式有：________、________和________三种。

6-5　桥梁工程图包括：________、________、________、________以及钢筋布置图，有时还有桥上附属________、桥下附属________等。

6-6　全桥布置图主要表示全桥的________及有关的________，它是简化了的全桥主要轮廓的投影图，由________和________组成。

6-7　桥墩是桥的重要组成部分之一，它起着________支承的作用，将梁及梁上所受荷载传递给________；常用的桥墩类型有________、________和________等；表示桥墩的图样有________、________和________。

6-8　桥台是桥梁________的支柱，除支承桥跨外，还起着阻挡________的作用；桥台的形式很多，常见的有________、________和________等；表示桥台的图样一般有________、________及________等。

6-9　识读钢筋混凝土梁的钢筋图，根据立面图及钢筋简图画出 1-1 和 2-2 断面图并注明钢筋编号。

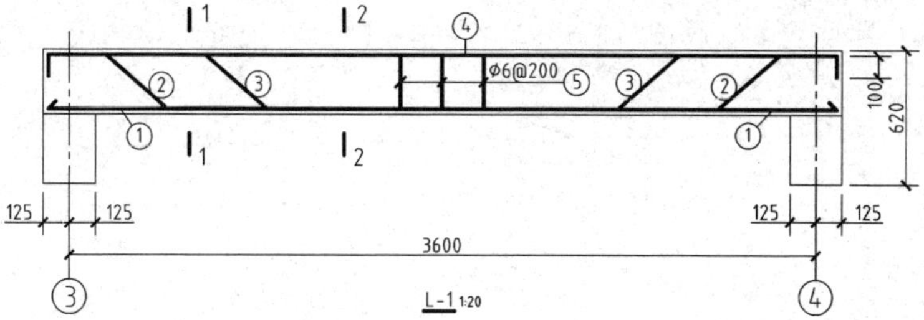

L-1 1:20

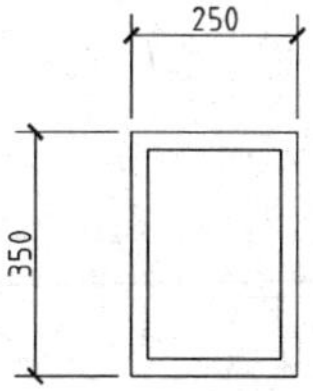

1-1 1:10

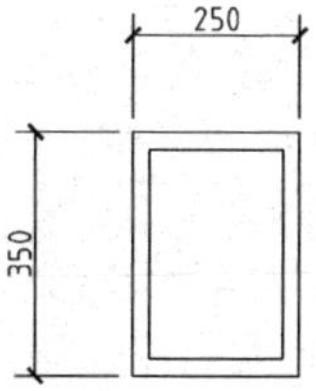

2-2 1:10

钢筋编号	钢筋简图	直径	根数
1	3800	φ16	2
2	100 275 423 2650 423 275 100	φ16	2
3	100 775 423 1650 423 775 100	φ16	1
4	100 3800 100	φ16	2
5	250 300 250 250	φ6	20

请学生沿此线撕下

6-10　由混凝土和钢筋两种材料构成整体的构件，称为__________构件。混凝土的抗__________能力强、抗__________能力差，而钢筋的特点是__________，因而在钢筋混凝土结构中，钢筋主要承受__________，混凝土主要承受__________。

6-11　钢筋按其强度和品种分成不同等级，其中Ⅰ级钢筋的直径符号为__________；Ⅱ级钢筋的直径符号为__________。

6-12　根据钢筋在构件中所起的作用不同，钢筋可分为__________、__________、__________、__________等。

6-13　说明钢筋图上所标 12ϕ6@200 的意义：

1. 12 表示__________；
2. ϕ 表示__________；
3. ϕ6 表示__________；
4. @表示__________；
5. 200 表示__________。

6-14　隧道工程图除了采用平面图表示它的位置外，它的构造主要用__________、__________(表示洞身形状和衬砌)及__________图等来表达。

6-15　涵洞是一种埋设在__________下面，用来__________或通过__________和__________的建筑；涵洞按洞身断面形状可分为__________、__________和__________等类型；涵洞一般用__________来表达，需要时可单独画出涵洞某一部分的__________；拱涵总图一般有__________、__________、__________以及__________等组成。

6-16　识读并抄绘桥梁工程图与涵洞工程图。

1. 目的

1)熟悉桥梁工程图与涵洞工程图的表达内容和图示特点。

2)掌握绘制桥梁工程图与涵洞工程图的步骤和方法。

2. 要求

1)读懂桥梁工程图与涵洞工程图所表达的内容。

2)绘图时要严格遵守相关制图标准的统一规定，如有不详之处必须查阅相关标准。

3)图幅与比例自定，铅笔描深。

3. 作业内容

抄绘教材《工程制图与识图》第六章中图 6-11　全桥布置图、图 6-13　圆端形桥墩图、图 6-20　T 形桥台总图、图 6-38　拱涵总图。

4. 作业指导

1)铅笔：准备 2H、HB、B 三种型号的铅笔，打底稿用 2H，描深用 HB 或 B，写字用 HB。

2)图线：建议图线的基本线宽(即粗实线的线宽)b 用 0.7mm 或 0.5mm，其余各类线形的线宽应符合线宽组规定，同类图线同样粗细，不同图线应粗细分明。

3)字体：汉字用仿宋体，字母、数字用标准字体书写。建议标题栏中的图名、校名用 7 号字；其余文字用 5 号字。

5. 绘图步骤

1)先绘制基准线。

2)根据各种图样的图示特点分别绘出其余内容(细部尺寸不全者可自行处理)。

3)检查无误后描深图线并标注尺寸、注写有关文字说明等。

4)填写图名、校名、比例等内容。

第六章　道路、桥隧与涵洞工程图		班级		学号		姓名	

请学生沿此线撕下

6-17　识读并抄绘隧道洞门图(按图中尺寸和比例将立面图、平面图、侧面图及详图等分别抄绘在A3绘图纸上,其他要求等可参照上题)。

1. 立面图

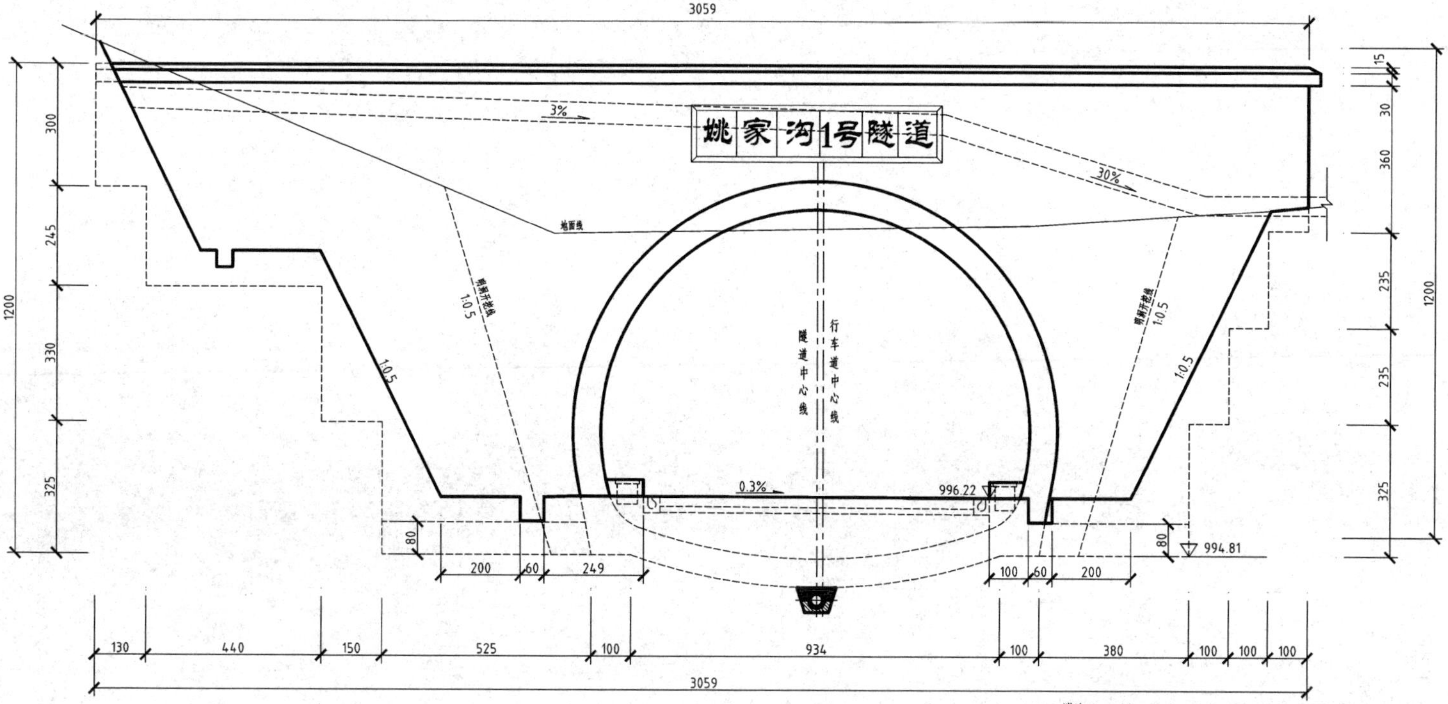

立面图 1:100

附注:

1、本图尺寸除标高以米计外,余均以厘米计;
2、洞口边坡防护形式与路基边坡防护形式相同,数量计入路线;
3、洞门挖方数量计入明洞工程;
4、洞门墙采用板材镶面;
5、明洞永久边坡防护形式见"边坡防护设计图";
6、洞外路基边沟设不小于0.3%的反坡,以防水倒流入隧道;
7、洞门及明洞地基承载力应不低于250kPa。

第六章　道路、桥隧与涵洞工程图		班级		学号		姓名	

6-17 识读并抄绘隧道洞门图(按图中尺寸和比例将立面图、平面图、侧面图及详图等分别抄绘在 A3 绘图纸上,其他要求等可参照上题)。

2. 平面图

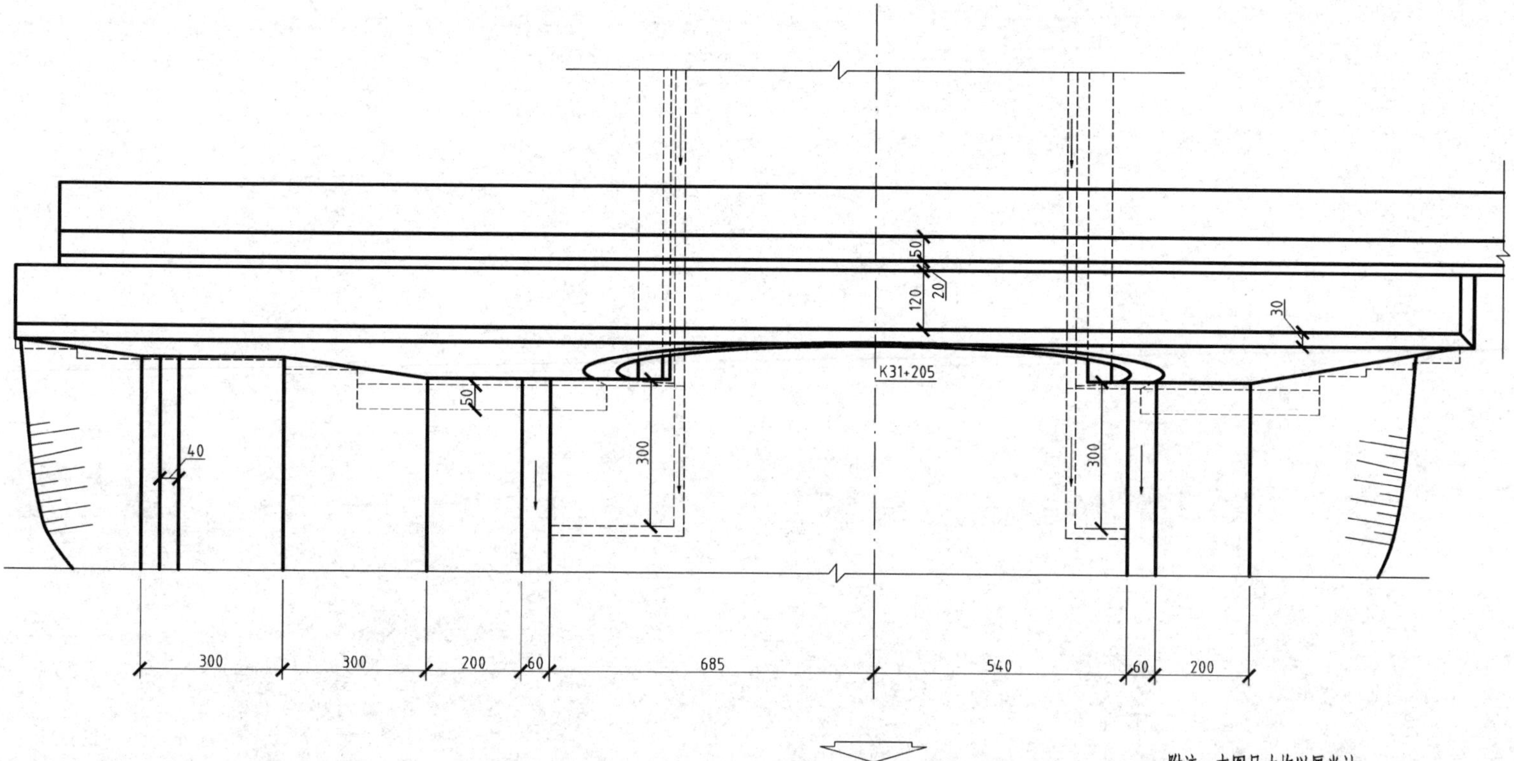

附注:本图尺寸均以厘米计。

平面图 1:100

第六章 道路、桥隧与涵洞工程图 | 班级 | 学号 | 姓名

请学生沿此线撕下

6-17 识读并抄绘隧道洞门图(按图中尺寸和比例将立面图、平面图、侧面图及详图等分别抄绘在 A3 绘图纸上,其他要求等可参照上题)。

3. 侧面图及详图等

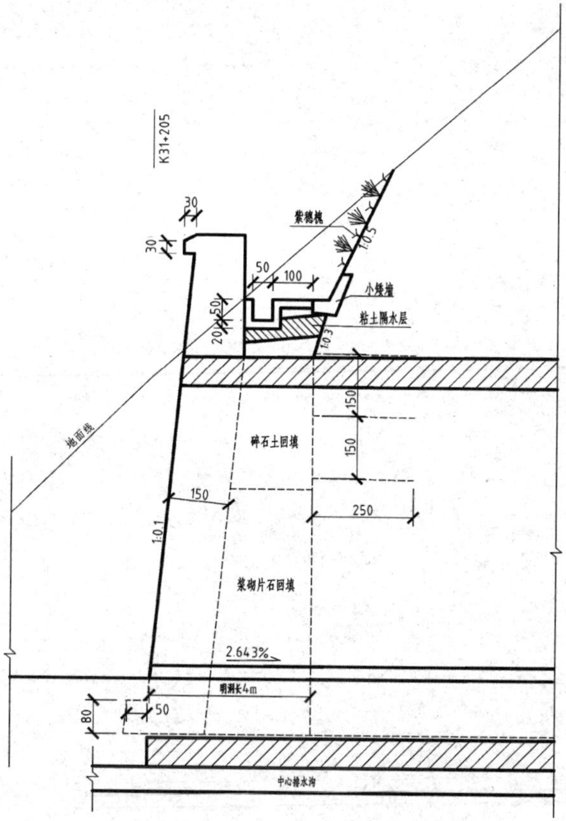

侧面图 1:100

洞门工程数量表

项 目	单位	数量	备 注
挖 方	m^3	386.8	
C20混凝土洞门墙	m^3	318.6	
M7.5浆砌片石排水沟	m^3	20.1	每延米0.56m^3
M7.5浆砌片石矮墙	m^3	19.1	每延米0.87m^3
紫穗槐	株	43	
镶面材料	m^2	163	

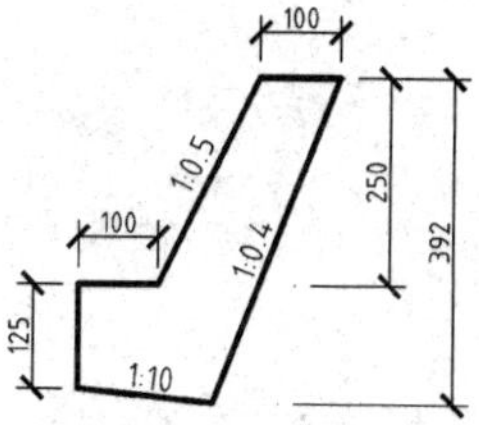

矮墙尺寸大样图 1:40

附注:
1、本图尺寸均以厘米计;
2、洞口边坡防护形式与路基边坡防护形式相同,数量计入路线;
3、洞门挖方数量计入明洞工程;
4、洞门墙采用板材镶面;
5、洞门及明洞地基承载力应不低于250 kPa。

请学生沿此线撕下

7-1　钢结构与混凝土结构相比，具有________________、________________、________________和________________的特点。

7-2　钢结构是用________、________或________的薄壁型钢制造而成的结构，型钢是由厂家按________（型号）轧制而成的，主要有________、________、________、________、________、________和________等。

7-3　钢结构的连接方式有________、________和________三种。

7-4　在进行钢结构的尺寸标注时，当两构件的两条重心线相距很近时，为便于区别，应在________处将其各自向外错开；弯曲构件的尺寸应沿其________的曲线标注弧的轴线长度；切割的板材，应标明各线段的________及________；不等边角钢的构件，角钢的放置方式对构件很重要，因此必须标注出角钢________的尺寸；节点尺寸，应注明节点板的尺寸和各杆件螺栓孔的________或________，以及杆件端部至几何中心线交点的距离；双型钢组合截面的构件是通过缀板连接的，因此在图中应注明缀板的________及________；非焊接的节点板，应注明节点板的尺寸和螺栓孔________与几何中心线________的距离。

7-5　钢桁梁是由前后两片________、顶部的________、底部的________、中间的________、两端的________和桥面（纵梁、横梁、联结）等组成的。钢桁梁图通常包括________、________、________和零件图。

7-6　钢结构节点详图中的尺寸，基本可分为三种：一种是________的尺寸；另一种是________的尺寸，用一般尺寸标注形式注写；第三种是________的尺寸。

7-7　通常将上、下弦杆及各种位置的竖杆、斜杆等称作________，将节点板、拼接板、填板等称作________。

7-8　钢屋架结构图是表示钢屋架的________、________、________、________及连接情况的图样，是制作钢屋架的依据。钢屋架结构图通常由________、________、________、________、________以及________、________等组成。

7-9　绘制钢屋架结构详图的内容主要有：确定________、绘制________、绘制________、列出________和图中的说明部分。

7-10　钢屋架结构详图一般用两种比例绘制，杆件和零件的尺寸一般采用________、________的比例，才能将屋架的节点细节表示清楚。但如果屋架的轴线长度也用这个比例，则图画太大，所以架的轴线长度常用________、________的比例。

7-11　屋架简图又称为________图或________图，用来表达屋架的结构形式、各杆件的计算长度，作为放样的一种依据。

7-12　屋架详图应绘制屋架________及________的平面图、必要数量的________、________等。

7-13　在编制材料表时，需把所有杆件和零件的________、________、________（区别正、反）、________都依次填入表中，并算出整榀屋架的________。

7-14　识读并抄绘下面所示的钢屋架结构图(按图中尺寸和比例抄绘在 A2 绘图纸上)。

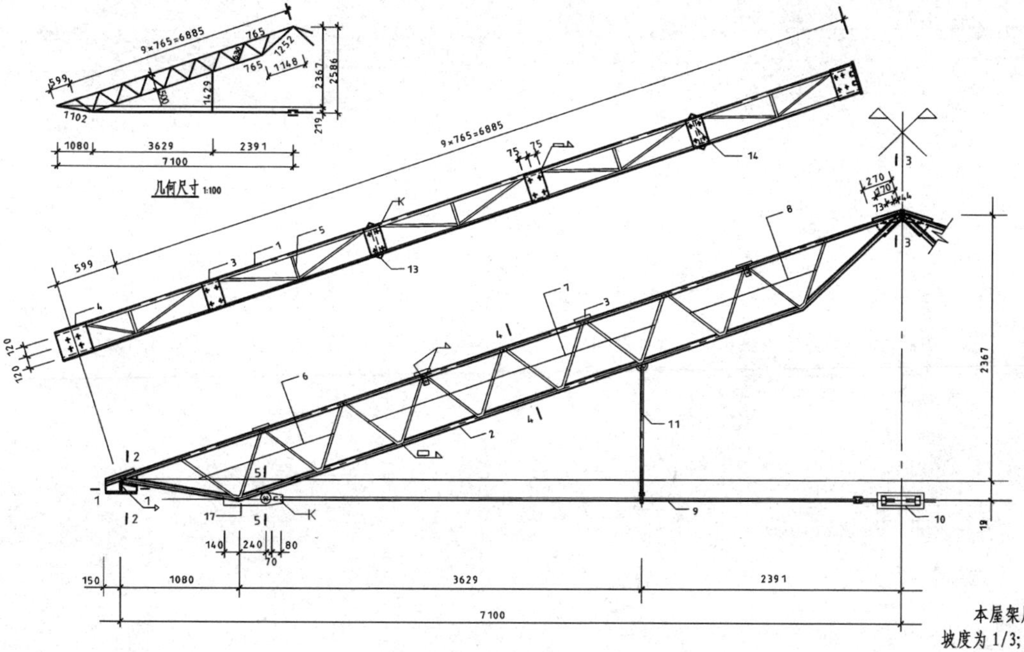

14.5m 三铰拱轻型钢屋架 1:30

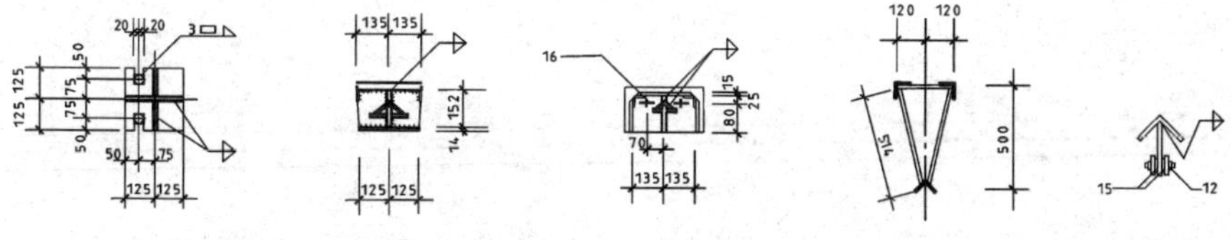

1-1 1:20　2-2 1:20　3-3 1:20　4-4 1:20　5-5 1:20

图 中 代 号

1- 斜梁上弦∠63×4
2- 斜梁下弦∠63×4
3- 缀板—150×6×240
4- 水平顶板—250×6×300
5- 上弦缀条直径 16
6- 腹杆直径 18
7- 腹杆直径 16
8- 腹杆直径 18
9- 拱拉杆直径 22
10- 花兰镙栓 M27
11- 吊杆直径 12
12- 连接镙栓 M20
13- 连接支撑用∠63×4
14- 板—35×6
15- 填板—10
16- M20
17- 接点板—8

说明

本屋架用于无吊车的厂房，跨度 14.5m，屋架间距为 3.9m，屋面坡度为 1/3；屋面采用波型石棉瓦，不设吊顶。

檩条采用方木（规格用户自选），檩距为 1.53m，水平投影间距为 1.45m。

钢材为 Q235-A.F，焊条 E43 系列。

在每开间设置上弦横向水平支撑，支撑杆件用 16mm 圆钢，也可仅在两个端开间及中开间设置上弦横向水平支撑，用户酌情选择。

屋架两端置于经设计的砖柱或砖墙上，支座处必须设置 180 厚 C20 混凝土垫块，并预埋 2 根直径 20 连接镙栓。

图中未标明焊缝尺寸，按钢结构施工规范的要求进行施工，未标明的镙栓孔为直径 15。

第七章　钢结构图　｜　班级　｜　学号　｜　姓名

请学生沿此线撕下

8-1　一套房屋施工图按其内容和专业分工的不同，一般分为三类：________、________、________。其中设备施工图包括________、________、________等。

8-2　一幢房屋全套施工图的编排顺序一般是：________________________________等。

8-3　建筑施工图是表示________________的图样。一般包括：________________________________等。

8-4　画出下列材料的图例。

1. 自然土壤　　　　2. 夯实土壤

3. 砖　　　　4. 沙、灰土

5. 毛石　　　　6. 钢筋混凝土

8-5　在下划线上写出下列符号的名称，在引出线上说明符号中数字的意义。

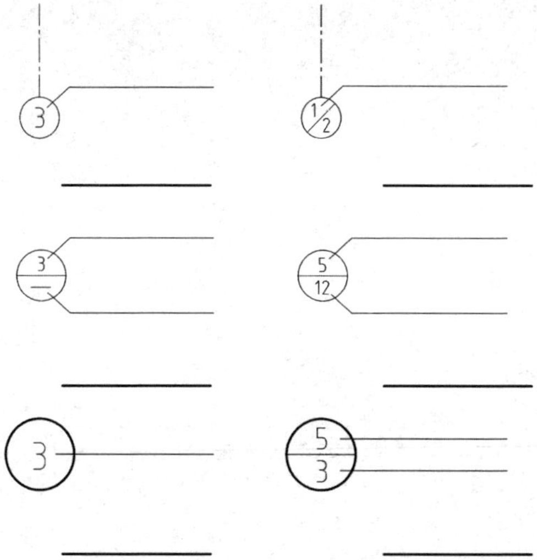

8-6　在下图窗图例的下划线上写出窗的名称，并在立面图中画出开启方向符号。

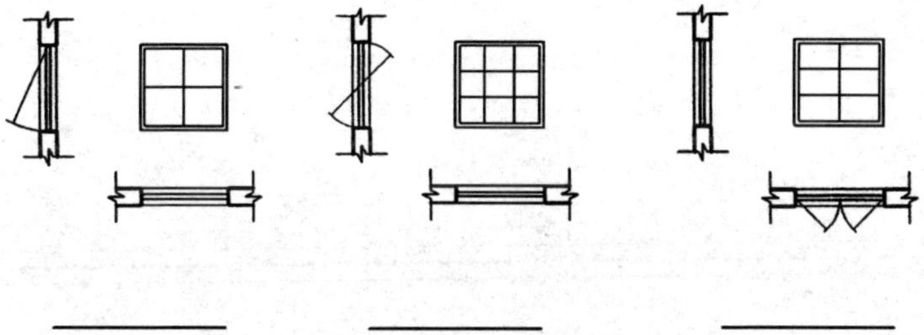

第八章　房屋施工图		班级		学号		姓名	

请学生沿此线撕下

请学生沿此线撕下

8-7 总平面图主要表达拟建房屋的____等内容。可作为拟建房屋________________________的依据。

8-8 总平面图中标注的尺寸以__________为单位，一般标注到小数点后__________位；其他建筑图样（平、立、剖面图）中所标注的尺寸则以__________为单位。

8-9 写出下列总平面图图例的名称。

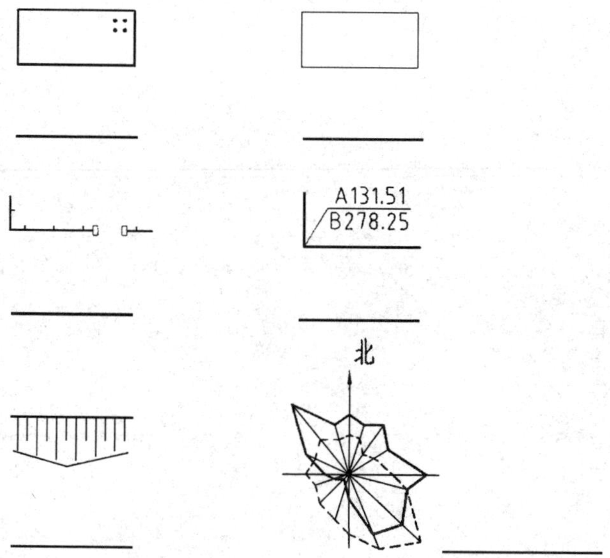

8-10 阅读下面的总平面图，把该总平面的有关图例名称填写在右侧图例的下面，并把各建筑物的层数和地面标高填入表内。

名称	厨房	饭厅	浴室	教学楼	图书馆	宿舍
层数						

名称	宿舍室内地坪	室外地坪	道路
标高			

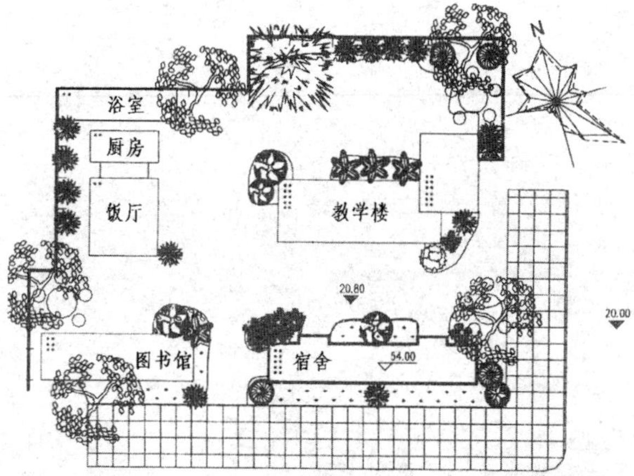

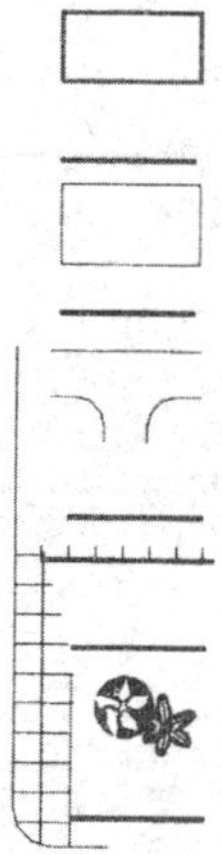

总平面图 1:500

8-11　建筑平面图(除屋顶平面图之外)实际上是剖切位置于高于________________处的水平剖视图。它主要表示建筑物的____________________________________等。

8-12　建筑平面图中的线形粗细要分明。凡是被水平剖切到的墙、柱等断面轮廓用____________________线画出;没有剖到的可见轮廓线(如台阶、梯段、窗台等)用____________________线画出;承重墙、柱,必须标注定位轴线并按顺序编号,定位轴线用____________________线画出;标注尺寸线、尺寸界线、引出线用____________________线画出。

8-13　建筑平面图中的外墙尺寸一般标注三道,最里边一道标注墙段及门窗洞口尺寸,称为________________________________;中间一道标注房间的____________________尺寸,称为____________________尺寸;最外边一道标注建筑的总长、总宽,称为总尺寸。

8-14　下图为一公寓的底层平面图。客厅、餐厅和卧室的地面标高为±0.000m,厨房和卫生间的地面比客厅低 20mm,室外平台比客厅低 10mm,每级台阶的踏步高为 150 mm,读懂平面图后,完成如下作业:

1. 注出所有的轴线编号;
2. 补全所缺的尺寸(不用注写尺寸数字);
3. 注出有标高记号处的标高值;
4. 说明该图中索引符号的意义;
5. 该公寓进户门的朝向为西偏南 15°,在平面图的左下角画上指北针。

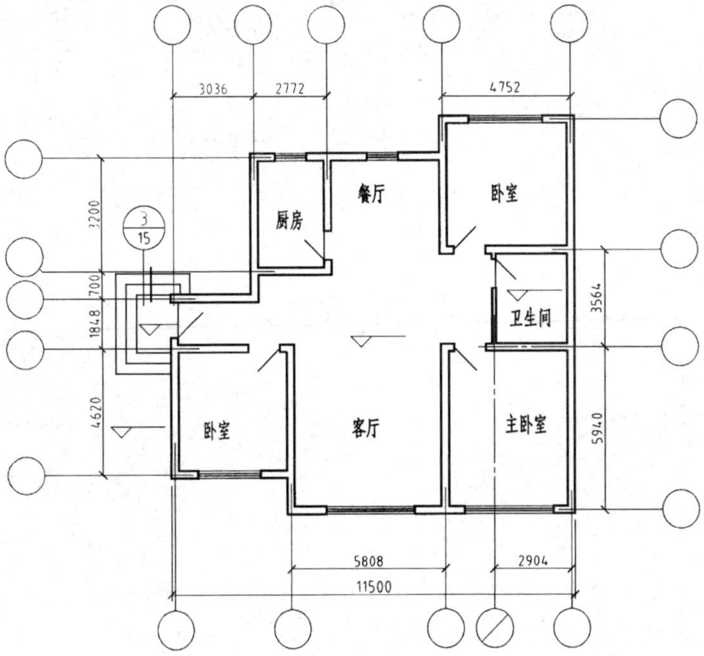

底层平面图 1:100

请学生沿此线撕下

第八章　房屋施工图		班级		学号		姓名

8-15 建筑立面图是平行于建筑物各个立面(外墙面)的正投影图。它是表示建筑物的______和表明外墙面______的图样。

8-16 建筑立面图中的地坪线用______线表示;房屋的外轮廓线用______线表示;房屋构配件如窗台、窗套、阳台、雨篷、遮阳板的轮廓线用______线表示;门窗扇、勒脚、雨水管、栏杆、墙面分格线,及有关说明的引出线、尺寸线、尺寸界线和标高均用______线表示。

8-17 建筑立面图一般不标注______方向的尺寸,只画出最左、最右两端的______;立面图上应标出室外地坪、室内地面、勒脚、窗台、门窗顶及檐口处的______;立面图上一般用______说明各部分的装饰做法。

8-18 建筑剖面图是建筑物的垂直剖面图,其剖切位置应选择通过______,借此来表示______的高度和在______方向的位置和构造,以便施工。表示剖切面剖切位置的剖切线及其编号一般表示在______层平面图中。

8-19 建筑剖面图上应标注垂直尺寸,一般注写三道:最外侧一道应注写室外地坪以上的______尺寸;中间一道注写______尺寸;里面一道注写门窗洞及洞间墙的______尺寸。另外还应标注某些局部尺寸,如室内门窗洞、窗台的高度。

8-20 建筑剖面图中的标高有两种,即建筑标高和结构标高。建筑标高是指______的标高,而结构标高是指______的标高。一般楼面、地面标注______标高,其余各部位标注______标高。

8-21 建筑详图所画的节点部位,应在有关的建筑平、立、剖面图中标注出______,并在所画建筑详图上标注出______。

8-22 楼梯详图一般包括______、______、______等详图,主要表示______、______、______及踏步、栏杆等装修作法。

8-23 下图为单层平顶房屋的平面图和立面图,内外门窗同高,门窗过梁尺寸自定,试画出 1-1 剖面图和 2-2 剖面图(不必标注尺寸)。

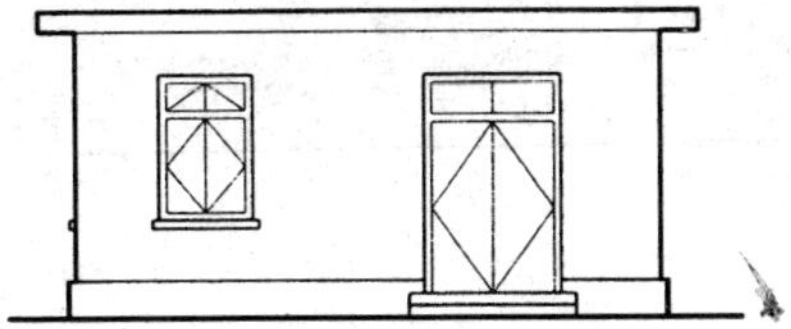

正立面图

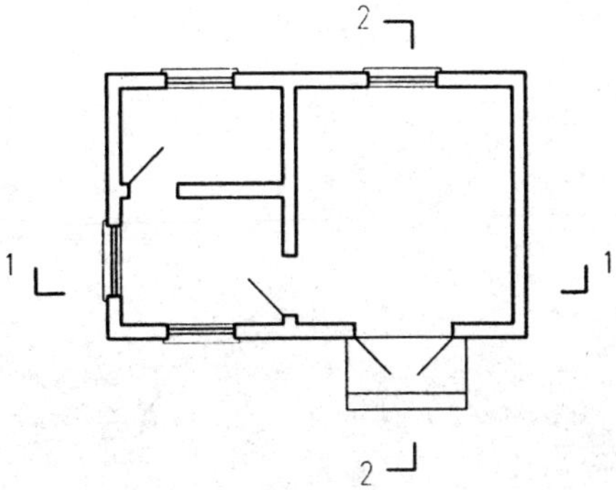

平面图

请学生沿此线撕下

8-24　根据楼梯间的底层平面图和二层平面图，试按 1∶50 的比例画出该楼梯间的 1-1 剖面图。已知楼梯梁截面为 200×300，楼板和休息平台板厚 120，楼梯板厚 100，窗台距休息平台高 500，窗高 1 500。要求线形分明，并标注有关尺寸和主要标高。

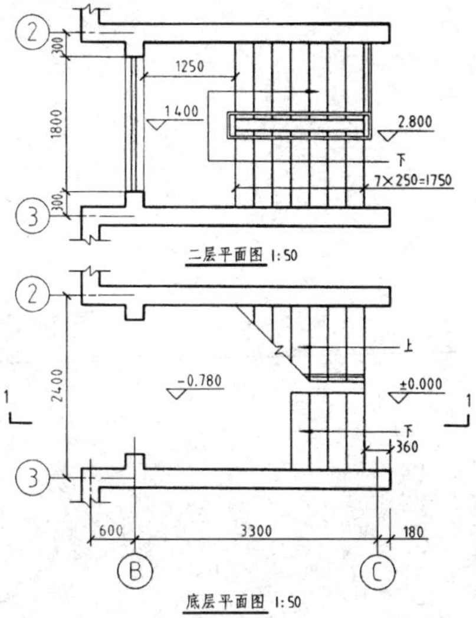

8-25　识读并抄绘建筑施工图。

1. 目的

1)熟悉一般居住建筑的建筑施工图的表达内容和图示特点。

2)掌握绘制建筑施工图的步骤和方法。

2. 要求

1)读懂建筑施工图所表达的内容。

2)绘图时要严格遵守《房屋建筑制图统一标准》(GB/T 50001—2001)和《建筑制图标准》(GB/T 50104—2001)的各项规定，如有不详之处必须查阅相关标准。

3. 作业内容

抄绘教材《工程制图与识图》第八章图 8-6　底层平面图。

4. 作业指导

1)图纸：A3 幅面绘图纸(横放)。

2)比例：1∶100。

3)铅笔：准备 2H、HB、B 三种型号的铅笔，打底稿用 2H，描深用 HB 或 B，写字用 HB。

4)图线：建议图线的基本线宽(即粗实线的线宽)b 用 0.7mm 或 0.5mm，其余各类线形的线宽应符合线宽组规定，同类图线同样粗细，不同图线应粗细分明。

5)字体：汉字用仿宋体，字母、数字用标准字体书写。建议图名用 7 号字；房间名称或说明用 5 号字；定位轴线编号的数字、字母用 5 号字；尺寸数字和门窗型号用 3.5 号字。

6)标注：依据图样上提供的尺寸完整而清晰地进行标注，标注尺寸应严格按照制图标准中的有关规定。

5. 绘图步骤

1)先绘制轴线，长轴方向依次画出 1 轴至 6 轴，总长为 19.86m，短轴方向依次画出 A 轴至 E 轴，总宽为 9.36m。

2)画墙线，外墙为 37 墙，内墙为 24 墙。

3)画门窗洞口位置、楼梯及其他构配件的轮廓。

4)检查无误后描深图线并标注尺寸、注写定位轴线编号、剖切符号、标高、门窗代号及有关文字说明等。

5)填写图名、校名、比例等内容。

8-26 结构施工图主要表达结构设计的内容，它是表示建筑物__________________________________的布置、形状、大小、材料、构造及其互相关系的图样。

8-27 在结构施工图中，构件的名称应用代号来表示，其中梁的代号是________，空心板的代号是________。

8-28 结构平面图主要表达房屋结构中各种承重构件的________________________，它包括：____________________________等。

8-29 基础图是表示建筑物________的图样。基础图一般包括________图和________图。

8-30 基础平面图是假想用一________沿相对标高为________以下与基础之间断开，移去上部结构和周边土层，向________投影所得的________图。

8-31 基础的形式一般取决于上部承重构件的形式，如墙下的基础做成________基础；柱下的基础做成________基础。

8-32 楼层结构平面图主要表示建筑物楼层结构的________、________等构件的位置、数量及连接方法。在楼层结构平面图中，被剖切到的墙、柱等轮廓用________线绘制；被楼板挡住的墙、柱轮廓用________线表示；楼板的平面布置情况则用________线绘制。

8-33 楼梯结构图是表达楼梯的____________等情况的图样，它一般包括________图和________图。

8-34 利用"平法"在平面布置图上表示各构件尺寸和配筋，有________、________和________三种注写方式。

8-35 梁平法的标注规则主要有________标注和________标注两类。

8-36 识读并抄绘结构施工图。

1. 目的

1)熟悉一般居住建筑的结构施工图的表达内容和图示特点。

2)掌握绘制结构施工图的步骤和方法。

2. 要求

1)读懂结构施工图所表达的内容。

2)绘图时要严格遵守《房屋建筑制图统一标准》(GB/T 50001—2001)和《建筑结构制图标准》(GB/T 50105—2001)的各项规定，如有不详之处必须查阅相关标准。

3)图幅与比例自定，铅笔描深。

3. 作业内容

抄绘教材《工程制图与识图》第八章图 8-21 基础平面布置图、图 8-23 底层结构平面布置图。

4. 作业指导

1)铅笔：准备 2H、HB、B 三种型号的铅笔，打底稿用 2H，描深用 HB 或 B，写字用 HB。

2)图线：建议图线的基本线宽(即粗实线的线宽)b用 0.7mm 或 0.5mm，其余各类线形的线宽应符合线宽组规定，同类图线同样粗细，不同图线应粗细分明。

3)字体：汉字用仿宋体，字母、数字用标准字体书写。建议图名用 7 号字；定位轴线编号的数字、字母及有关文字说明等用 5 号字；尺寸数字用 3.5 号字。

4)标注：依据图样上提供的尺寸完整而清晰地进行标注，标注尺寸应严格按照制图标准中的有关规定。

5. 绘图步骤

1)先绘制轴线。

2)绘制基槽边线或墙线、楼板布置方向线等。

3)绘制门窗洞口位置及其他构配件的轮廓线等。

4)检查无误后描深图线并标注尺寸、注写定位轴线编号及有关文字说明等。

5)填写图名、校名、比例等内容。

第八章 房屋施工图		班级		学号		姓名	

请学生沿此线断下

请学生沿此线撕下

8-37　室内给水排水施工图是表示一幢建筑物内部的卫生器具、______及其附件的______、______与房屋的______和______的施工图。一般包括：______、______、______和施工说明等。

8-38　给水排水施工图中图线的应用如下：一般新建给水管道采用______线，排水管道采用______线，雨水管道采用______线；给排水设备、原有给水排水管线采用______线(可见)、______线(不可见)；建筑物、构筑物的轮廓线，被剖切的建筑构造轮廓线采用______线(可见)、细虚线(不可见)；尺寸、图例、标高、设计地面线等采用______线。

8-39　填写下列管道的代号：

1. 给水管用字母______表示；
2. 排水管用字母______表示；
3. 污、废水管用字母______表示；
4. 雨水管用字母______表示。

8-40　多层建筑物的给水系统平面图，原则上应______绘制。对于管道系统和用水设备布置相同的楼层平面可以绘制一个平面图即______给水系统平面图，但______层平面图必须单独画出。当屋顶设有水箱及管道时，应画出______平面图，如果管道布置不复杂时，可在标准层平面图中用______线画出水箱的位置。

8-41　为了完整、全面地反映管道系统，可采用反映三维情况的______图来绘制管道系统图，一般采用______。系统图中所有管段均需标注______，当连续几段管段的管径相同时，可仅标注______管段的管径，______管段管径可省略不用标注。直径用公称直径"______"表示。

8-42　用文字在横线上说明常用图例及代号的含义。

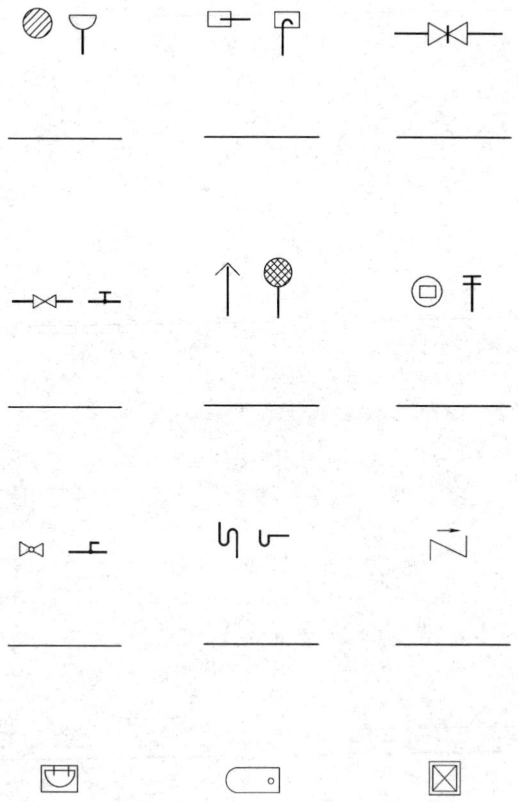

请学生沿此线撕下

8-43 对照教材图 8-43 给水管道系统图，将下图中所有的空格填写完整。

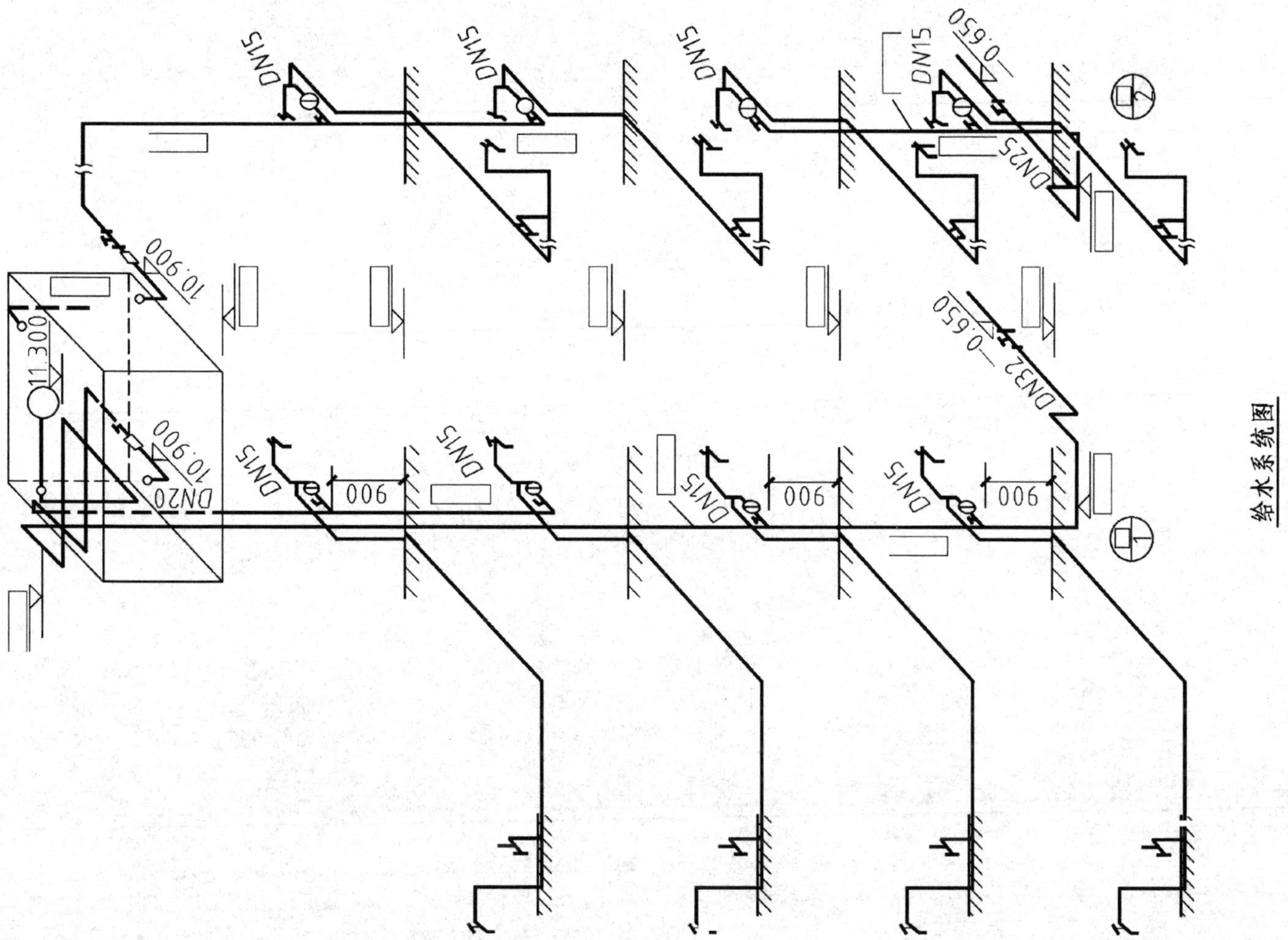

第八章 房屋施工图 | 班级 | 学号 | 姓名

请学生沿此线断下

8-44　画出水箱管道的管道系统图。

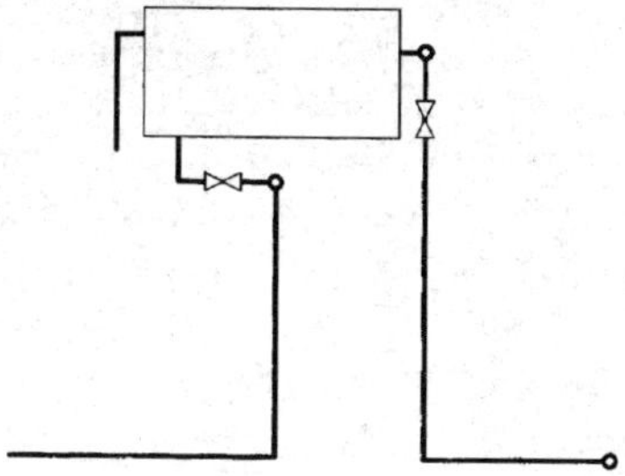

正立面图

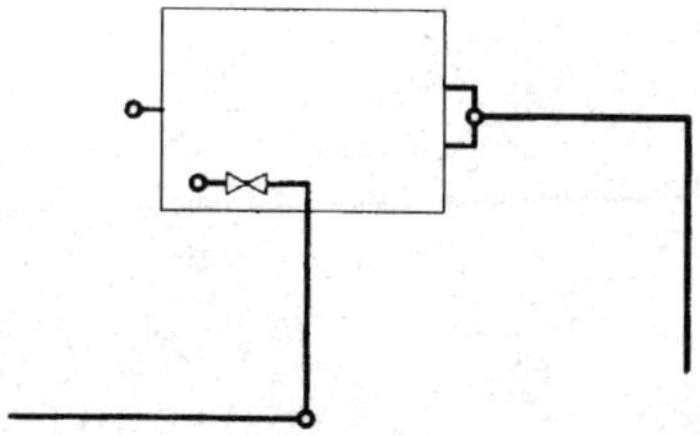

平面图

水箱管道系统图

8-45　识读并抄绘室内给水排水施工图。

1. 目的

1)熟悉一般居住建筑的室内给水排水施工图的表达内容和图示特点。

2)掌握绘制室内给水排水施工图的步骤和方法。

2. 要求

1)读懂室内给水排水施工图所表达的内容。

2)绘图时要严格遵守《房屋建筑制图统一标准》(GB/T 50001—2001)和《给水排水制图标准》(GB/T 50106—2001)的各项规定,如有不详之处必须查阅相关标准。

3)图幅与比例自定,铅笔描深。

3. 作业内容

抄绘教材《工程制图与识图》第八章 图 8-41　底层给水排水管道平面图。

4. 作业指导

1)铅笔:准备 2H、HB、B 三种型号的铅笔,打底稿用 2H,描深用 HB 或 B,写字用 HB。

2)图线:建议图线的基本线宽(即粗实线的线宽)b 用 0.7mm 或 0.5mm,其余各类线形的线宽应符合线宽组规定,同类图线同样粗细,不同图线应粗细分明。

3)字体:汉字用仿宋体,字母、数字用标准字体书写。建议图名用 7 号字;定位轴线编号的数字、字母用 5 号字;尺寸数字及注解说明等用 3.5 号字。

4)标注:依据图样上提供的尺寸完整而清晰地进行标注,标注尺寸应严格按照制图标准中的有关规定。

5. 绘图步骤

1)先绘制轴线、墙、柱、门窗洞口、楼梯等。

2)绘制用水设备、卫生器具等。

3)绘制给水排水系统中的管道设备等。

4)检查无误后描深图线并标注尺寸,注写定位轴线编号、管道的直径与编号等。

5)填写图名、校名、比例等内容。

第八章　房屋施工图		班级		学号		姓名	

高等学校土木工程专业规划教材

Engineering Drawing Exercises
工程制图习题集

龚 伟 主编

人民交通出版社股份有限公司

内 容 提 要

本习题集与《工程制图》(龚伟主编)教材配套使用,所编章节顺序和内容与教材一致。本书可作为高等学校本、专科土木(建筑)、工程管理、造价等专业及其他相关专业的教材,也可供其他类型学校与职工大学、函授大学、电视大学等有关专业使用。

图书在版编目(CIP)数据

工程制图习题集/龚伟主编. —北京:人民交通出版社股份有限公司,2015.8 (2025.7 重印)
ISBN 978-7-114-12433-4

Ⅰ.①土… Ⅱ.①龚… Ⅲ.①工程制图—高等学校—习题集 Ⅳ.①TB23-44

中国版本图书馆 CIP 数据核字(2015)第 183580 号

高等学校土木工程专业规划教材

书 名:工程制图习题集
著 作 者:龚 伟
责任编辑:黎小东 李 瑞
出版发行:人民交通出版社股份有限公司
地 址:(100011)北京市朝阳区安定门外外馆斜街 3 号
网 址:http://www.ccpcl.com.cn
销售电话:(010)85285911
总 经 销:人民交通出版社股份有限公司发行部
经 销:各地新华书店
印 刷:北京科印技术咨询服务有限公司数码印刷分部
开 本:787×1092 1/16
印 张:14
字 数:200 千
版 次:2015 年 8 月 第 1 版
印 次:2025 年 7 月 第 7 次印刷
书 号:ISBN 978-7-114-12433-4
定 价:40.00 元